いしど式で簡単
大人のそろばんドリル

1日10分で計算力・集中力を活性化

石戸珠算学園 監修

メイツ出版

はじめに

「そろばん」は子どもの習い事というイメージでとらえられてきましたが、大人になって「そろばん」をはじめる人が増えているようです。若い方から年配の方まで幅広く、一度習ったことがある人でも気軽に再チャレンジできることが良いのでしょうか。

若い人であれば仕事に活かしたい、能力を高めたいという人が取り組んでいます。基礎計算力が高まれば、電卓を使わなくても瞬時に答え（＝数字）を出すことができ、仕事で数字を使う人ほど重要なスキルとなります。

もうひとつは、脳の衰えに対するアプローチです。「ちょっとした名前が出てこない」「電話番号を記憶できない」。「やろうしたことを忘れてしまう」など、年齢問わず脳の老化を意識するシーンがあると思います。健康診断で体をケアし、スポーツジムによって筋肉を鍛えることができても、脳の若さは保つことができません。「そろばん」を使った計算は、脳を活性化させるトレーニングとしても大いに注目を集めているのです。

本書は、大人になって「そろばん」をはじめる人を対象としたドリル形式の指導書となっています。いしど式のメソッドを使い、わかりやすく解説しているので初心者の方でもスムーズにスキルアップできる内容です。

大人の場合、「そろばん」を学ぶ目的が明確で、基礎計算力があれば、身につくスピードは子どもより速いとも言われています。本書を手にとった大人の方が、「そろばん」が導いてくれる脳力・能力アップの成果を少しでも体感いただければ幸いです。

監修　いしど式　石戸珠算学園　

http://www.ishido-soroban.com/

全国で245校を運営し、46年の実績を誇る。そろばんを使い、オリジナルの教育メソッドで子どもの能力開発を行い、全国の珠算大会で好成績をおさめている。

この本の使い方

　この本は、大人がそろばんを習得すためのコツを紹介し、初心者でもスムーズにそろばんの指使いを覚えて計算できるように、理解しやすい順番でレクチャーしています。

　原則として左ページの解説、右ページのドリルでスキルアップし、途中段階でつまずきやすい点は、その都度アドバイスしています。計算力・能力アップに取り組む方はもちろん、脳の活性化や能力アップでそろばんにチャレンジする方もスキルアップできる内容となっています。

　また、日常生活で使う桁数の暗算や伝票計算、脳トレ問題といった脳を活性化させるコーナーを用意。本書を読み進めれば、そろばんを上手に扱えるようになりながら、計算問題を正確に解くコツ、脳力・集中力をアップするコツが身についていきます。

タイトル
このページで学ぶ課題やテーマを把握し、計算の考え方、指使いをイメージして解説やドリルに進む。

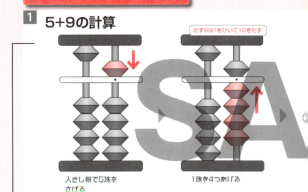

チャレンジ！
テーマとなる計算を例題で取り組む。1つひとつ珠の動かし方のプロセスを理解して解答を導き出す。

解説
珠はイラストを使いわかりやすくビジュアル化。つまずきやすいポイントは丁寧に解説している。

練習問題
テーマに沿った練習問題に取り組む。繰り返し行うことで指が反射的に動くようになり、スキルが身につく。

練習問題

問1	問2	問3	問4	問5
5	5	5	3	5
9	9	9	2	9
1	2	6	9	8

問6	問7	問8	問9	問10
14	14	5	14	14
-9	-9	9	-9	-9
3	1	-9	-1	-3

問11	問12	問13	問14	問15
13	16	15	9	24
1	-1	9	5	-9
-9	9	4	-9	-3

問16	問17	問18	問19	問20
9	5	6	25	6
1	9	9	-1	8
5	-9	9	-9	-9
9	3	-9	9	-3

伝票算問題
本を開いた状態で90度時計回りにまわして、左手でページをめくる伝票問題にチャレンジできる。

CONTENTS

はじめに……………………………………………………………… 2
この本の使い方……………………………………………………… 4

序章　そろばんと脳の関わり
いしど式そろばんで計算力や集中力をアップ！……………………… 10
01　部分の名前をチェックしよう ……………………………………… 12
02　珠を動かして数字を表す …………………………………………… 14
03　正しい姿勢でそろばんを持つ ……………………………………… 15
04　左手で持って人さし指で払う ……………………………………… 16

PART1　足し算・引き算の基本
05　珠を上下させてみよう ……………………………………………… 18
06　2本の指で同時に珠を動かす ……………………………………… 20
07　5珠をたしてから1珠をひく ……………………………………… 22
08　引き算は1珠を先に動かす ………………………………………… 24
復習50問チャレンジ！ ………………………………………………… 26
Let's 脳トレ　ひらがな並べ …………………………………………… 28

PART2　簡単な繰り上がり・繰り下がり
09　表を読んでから珠を動かす ………………………………………… 30
10　1を引いてから10をたす　10を引いてから1をたす ………… 32
11　2を引いてから10をたす　10を引いてから2をたす ………… 34

12	3を引いてから10をたす 10を引いてから3をたす	36
13	4を引いてから10をたす 10を引いてから4をたす	38
14	繰り上がって5珠を使う 5珠を払って繰り下がる	40
15	三桁まで繰り上がって珠をおく百から繰り下がって十の位に9をおく	42

復習50問チャレンジ！ ……………………………………………………… 44
Let's脳トレ　仲間探し ……………………………………………………… 46

PART3　かけ算・わり算

16	定位シールをはるとかけ算・わり算がわかりやすくなる	48
17	2桁のかけ算にチャレンジしよう	50
18	指でおさえたとなりに数をおく	51
19	いろいろな種類のかけ算を練習する	52
20	答えを1桁とんでおく	54
21	答えが近い数を九九から探す	56

復習80問チャレンジ！ ……………………………………………………… 58
Let's脳トレ　倍数字 ………………………………………………………… 60

PART4　レベルアップするかけ算・わり算

22	かけられる数に対し順番にかける	62
23	「じゅう」がついたらそのままたす	64
24	「じゅう」がつかないならとなりにたす	66
25	かけられる数の一の位、十の位の順に計算する	68
26	「じゅう」がなければ指のとなりにたす	70
27	最初から一の位を指でおさえる	72

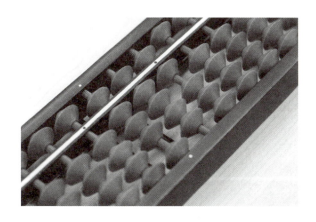

CONTENTS

28　ひく場所に注意して計算する　　　　　　　　　　　　　74
29　指のおく位置に注意して計算する　　　　　　　　　　　76
30　100 の数をかけたら赤いシールの 100 まで読む　　　　78
31　「× 0」は何もたさずに指をとなりにずらす　　　　　　80
32　わる数が 2 桁の問題にチャレンジ　　　　　　　　　　　82
33　引けないときは答えを 1 つ小さくする　　　　　　　　84
34　答えに 9 を立てる特別な問題　　　　　　　　　　　　　87
35　問題が残ったら 1 番左の数をおさえて計算を続ける　　90
36　すばやく 2 回読みして引く位置を正しく　　　　　　　92
37　1 つひとつの指おさえを正確にして問題をクリアする　94
復習 100 問チャレンジ！　　　　　　　　　　　　　　　　96
Let's 脳トレ　数字パズル　　　　　　　　　　　　　　　　98

PART5　そろばんの応用

38　そろばんの珠を頭に浮かべて暗算する　　　　　　　100
暗算問題　　　　　　　　　　　　　　　　　　　　　　102
39　左手でページをめくり右手で珠を動かす　　　　　　104
解答　　　　　　　　　　　　　　　　　　　　　　　　106
白井そろばん博物館　　　　　　　　　　　　　　　　　110
監修紹介　　　　　　　　　　　　　　　　　　　　　　111

序章

そろばんと脳の関わり

いしど式そろばんで
計算力や集中力をアップ！
そろばんの計算がなぜ脳に好影響をもたらすのか！？

そろばんの計算による効果は、計算力アップだけでなく、「集中力や数字を注意深く読みとる能力」のアップ、「イメージやひらめき」を引き出す力、そして「記憶力」「情報処理能力」「速く聴き、速く読む力」の向上などに好影響をもたらすと言われています。そのカギを握るのが、脳の前頭葉にある「前頭前野」という部分です。そろばんと前頭前野の関連性を見てみましょう。

STEP1
教育＝そろばん

人間の脳は他の動物と違い、「教育」によって大きく進化することができます。そろばんの計算は、脳に対する「教育」であり、繰り返し計算することで、脳を刺激し、発達させることができるのです。

STEP2
前頭前野

特に前頭葉にある「前頭前野」という部分は、脳の司令塔といわれています。そろばんの計算では前頭前野を刺激し、その刺激を受け入れさせたら継続し、定着させることで、組み合わせや新しい技術を創造していくことができるのです。このような発達方法は、人間と他の動物の考え方や行動の決定的な違いとなっています。

STEP3
前頭前野の働き

顔の表情や声の様子から、人の気持ちを推測する働きがあり、モノを覚えるという意欲も前頭前野から出てきます。「繰り返し練習で覚えよう!」というポジティブな気持ちは、前頭前野が働いている証拠です。

STEP4
創造性と芸術性

前頭前野では、いろいろなモノを考え、アイディアを浮かべる場面で力を発揮します。発明家やビジネスの成功者は、前頭前野を上手に使える人が多く、音楽や絵画などの素晴らしい芸術作品を生み出すアーチストも前頭前野が良い仕事をしていると言えるでしょう。

STEP5
集中力と並行処理

1つのことに打ち込む集中力は、前頭前野の働きです。逆に複数のことを同時に取り組むことができる力も前頭前野が活躍しています。そろばんの計算は、まさに前頭前野を刺激するトレーニングと言えます。

STEP6
脳トレとそろばん

塗り絵やパズル、スマートフォンアプリなど「脳トレ」は、すっかり浸透しています。しかし、どれも目だけ、頭だけ、手先だけを動かすゲーム性があるものばかり。そろばんの場合は「見る、聞く、指を動かす、確かめる、判断する」という能力をフル稼働させる点が、他の脳トレより優れていると言われています。

序章　そろばんの名前

01 部分の名前を
チェックしよう

珠には「5珠」と「1珠」がある

計算をはじめる前に、そろばんの部分の名前をおぼえましょう。そろばんには「枠」という囲みがあり、そのなかに珠がタテに五つ並んでいます。珠には「5珠」と「1珠」があり、その間には「梁」が横に通っています。

そろばんの部分の名前

枠
枠は、そろばんの上下左右を囲む。5珠が上になるようにし、左手で枠を持つ。

5珠
梁より上にある珠。下におろすことで数字の5の形を表す。

1珠
梁より下にある珠。珠を上にあげることで、その数の数字の形を表す。

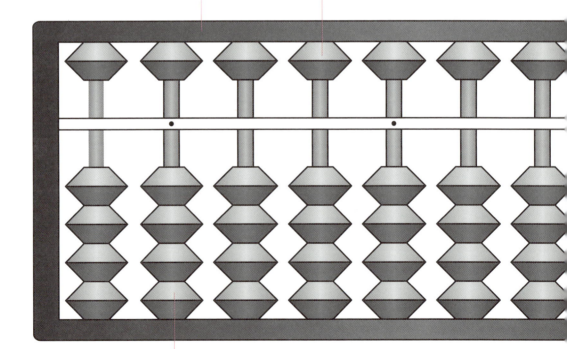

+1 アドバイス！

自分にあったそろばんを選ぶ

そろばんを購入する場合、安価なものから数万円もする高い素材を使用したそろばんがあります。大人になってはじめる場合は、手に馴染むものを選ぶことがポイント。珠を動かしてみた感覚を大事に、自分にあったそろばんをチョイスしましょう。

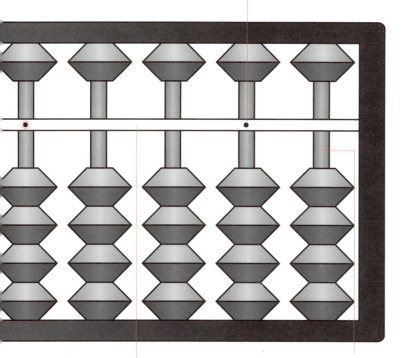

定位点
梁の上にある黒い点。
数をかぞえるときの目印となる。

梁
5珠と1珠の間にある軸。計算をはじめるときは、梁の上に人さし指をすべらせて5珠をあげる。（P16 参照）

桁
5珠と1珠を縦に貫いている軸。

序章　数

珠を動かして数字を表す

0から9までの数を珠の上下で表す

そろばんのパーツ名をチェックしたら、「たま」があらわす数を覚えていきましょう。1だまがすべて下にあり、5珠が上にある状態が0です。そこから1珠が1つあがるごとにその数を表し、5珠がさがると5を表します。6以上は1珠と5珠をたした数です。

チャレンジ！やってみよう

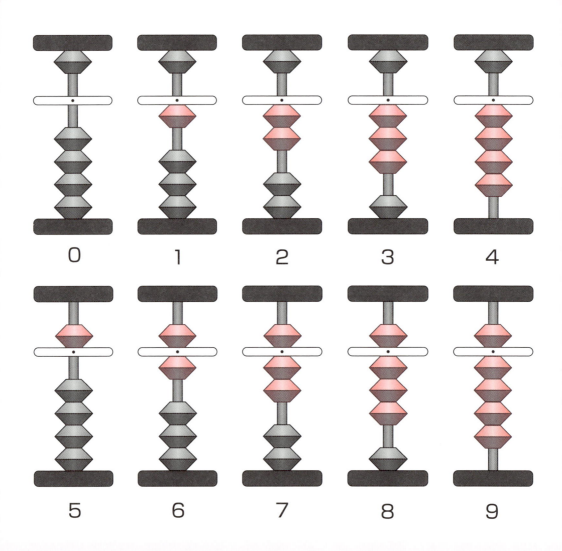

序章　姿勢

正しい姿勢でそろばんを持つ

左手でそろばんの枠を持ち、右手はグーの形にする

そろばんをするときは、姿勢に注意しましょう。姿勢が悪いと珠を正しく動かせなかったり、珠自体が見えにくくなってミスをしてしまいます。肩をリラックスさせて左手でそろばんの枠を上下に持ち、右手は「グー」の形にします。

チャレンジ！やってみよう

そろばんの位置と姿勢

そろばんの中心が体の中心にくるように、机のはじから5cmぐらいを目安に置く。右手は軽く握り、「グー」の形に。指先が開いた「パー」の形にならないように注意しましょう。

序章 計算の準備

04 左手で持って人さし指で払う

計算の準備で「ゼロ」にする

計算の準備では、人さし指を左から右へすべらせて、5珠をすべて上にあげます。そろばんを平らに戻すときは、勢いよく置くと珠が動くので注意。払いで力が強すぎると、5珠が跳ね返ってくることもあります。力を調整して、珠が上下に揃うようにしましょう。

チャレンジ！やってみよう

計算の準備

そろばんを左手で持って枠の下部分を机につけたまま、上部分だけを軽く持ちあげる。これにより、1珠と5珠をすべて下にさげたら、静かにそろばんを机に置く。人さし指を左から右へすべらせて、5珠をすべて上にあげれば計算の準備ができる。

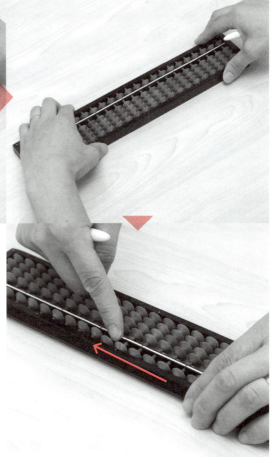

ボタンを押すと珠が払われるそろばんもある。

PART1
足し算・引き算の基本

PART 1 　1〜5の足し算・引き算

05　珠を上下させてみよう

親指と人さし指で1珠を動かす

そろばんの「数の表し方」を理解したら、簡単な計算で珠を動かしてみましょう。1珠をあげるときは「親指」、さげるときは「人さし指」を使います。慣れてきたら複数の珠や5珠も動かしてみましょう。

チャレンジ！やってみよう

1　1+1+1+1の計算

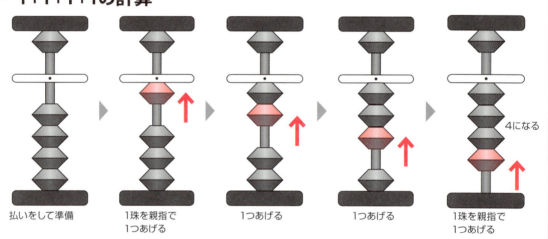

払いをして準備　1珠を親指で1つあげる　1つあげる　1つあげる　1珠を親指で1つあげる（4になる）

2　4−1−1−1−1の計算

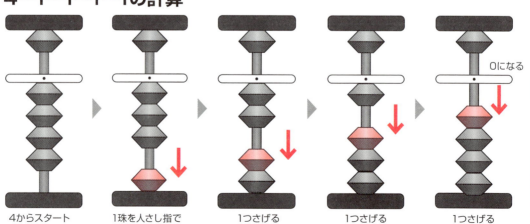

4からスタート　1珠を人さし指で1つさげる　1つさげる　1つさげる　1つさげる（0になる）

3 5-5の計算

払いをして準備

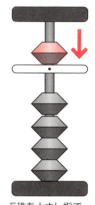
5珠を人さし指でさげる

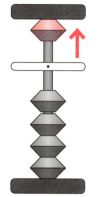
5珠を人さし指のつめであげる

練習問題

問 1	問 2	問 3	問 4	問 5
2	3	4	3	2
2	-3	-4	-1	-2

問 6	問 7	問 8	問 9	問 10
4	2	1	4	2
-3	5	3	5	1

問 11	問 12	問 13	問 14	問 15
1	2	4	3	4
2	2	-4	1	5
5	-3	1	-4	-5

問 16	問 17	問 18	問 19	問 20
5	4	1	3	2
1	-2	3	5	1
-1	1	-2	-5	-2

PART 1　6〜9の足し算・引き算

06 2本の指で同時に珠を動かす

親指と人さし指を同時に動かす

6から9の数をつくるとき、親指で1珠をあげ、人さし指で5珠をさげる動きを同時に行います。0にするときは先に人さし指で1珠をさげ、次に人さし指のつめで5珠をあげるように順番に指を動かします。

チャレンジ！やってみよう

1　6−6の計算

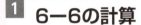

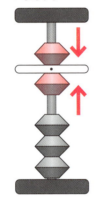
1珠と5珠を同時に動かす

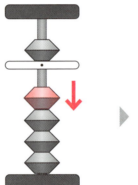
1珠を人さし指でさげる

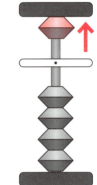
5珠を人さし指のツメであげる

2　7−7の計算

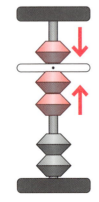
1珠と5珠を同時に動かす

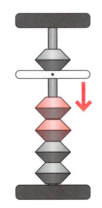
1珠を人さし指でさげる

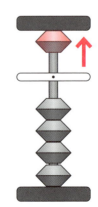
5珠を人さし指のツメであげる

練習問題

問 1	問 2	問 3	問 4	問 5
8	7	9	6	7
−8	−7	−9	−1	−2

問 6	問 7	問 8	問 9	問 10
8	9	7	9	8
−5	−4	−5	−5	−3

問 11	問 12	問 13	問 14	問 15
1	2	1	2	1
6	7	8	1	1
−6	−2	−3	6	7

問 16	問 17	問 18	問 19	問 20
9	6	7	8	8
−3	3	1	−3	−1
2	−6	−6	4	2
−7	1	7	−7	−9

問 21	問 22	問 23	問 24	問 25
7	6	7	8	8
−2	3	1	−3	−1
2	−6	−6	4	2
−7	1	7	−7	−9

PART 1　5珠を使う4〜1の足し算

07 5珠をたしてから1珠をひく

頭のなかで考えてから人さし指で動かす

計算するときは、頭のなかで考えてから珠を動かすことが大切です。1+4の場合は、4をたして5珠をさげた後、余分な1珠をさげる順番で指を動かします。人さし指をスムーズに動かしましょう。

チャレンジ！やってみよう

1　1+4の計算

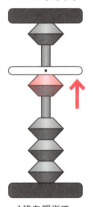

1珠を親指で1つあげる

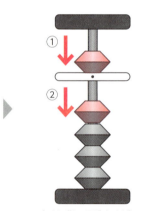

人さし指で5珠をさげ、1珠をさげる

1+4＝5
頭のなかで考えて
5珠、1珠の
順番でさげる

2　3+4の計算

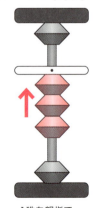

1珠を親指で3つあげる

人さし指で5珠をさげる

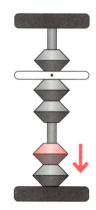

1珠を1つさげる

練習問題

問1	問2	問3	問4	問5
4	2	3	4	4
2	3	3	4	1

問6	問7	問8	問9	問10
1	2	3	4	3
4	4	4	3	2

問11	問12	問13	問14	問15
1	2	3	4	1
1	3	3	2	4
4	4	2	3	2

問16	問17	問18	問19	問20
4	3	2	2	1
4	4	4	2	3
1	2	2	4	3

問21	問22	問23	問24	問25
1	2	1	2	2
2	2	2	4	3
1	2	1	1	2
4	3	2	2	1

PART 1　5珠を使う4〜1の引き算

08 引き算は 1珠を先に動かす

足し算とは違う指づかいを覚える

引き算は足し算と同じように、頭の中で珠の動きをイメージしてから動作します。珠の動かし方は、足し算とは反対に、1珠を先に動かしてから5珠を動かします。珠を動かす順番と使う指を間違えないように気をつけましょう。

チャレンジ！やってみよう

1　6－4の計算

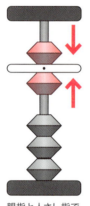 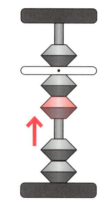 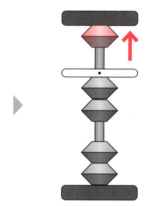

親指と人さし指で6にする　　親指で1珠を1つあげる　　続けて人さし指のツメで5珠をあげる

2　5－2の計算

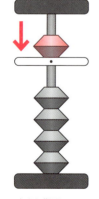 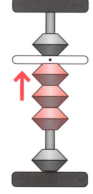 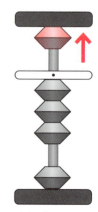

人さし指で5珠をさげる　　親指で1珠を3つあげる　　人さし指のツメで5珠をあげる

練習問題

問 1	問 2	問 3	問 4	問 5
5	7	8	5	6
−4	−4	−4	−3	−4

問 6	問 7	問 8	問 9	問 10
7	5	6	5	6
−3	−2	−2	−1	−3

問 11	問 12	問 13	問 14	問 15
7	4	3	3	4
−4	2	4	5	2
3	−3	−4	−4	−3

問 16	問 17	問 18	問 19	問 20
8	6	4	7	2
−4	−2	3	−3	6
4	2	−4	−4	−4

問 21	問 22	問 23	問 24	問 25
5	4	2	3	8
−4	1	4	4	−4
3	−2	−3	−3	2
4	3	4	1	−5

PART 1

復習50問チャレンジ！

問1	問2	問3	問4	問5
3	2	4	1	3
1	2	−3	3	1

問6	問7	問8	問9	問10
2	4	2	1	3
3	4	4	4	3

問11	問12	問13	問14	問15
2	4	2	3	4
2	−1	1	−1	−2
−3	−2	1	2	1

問16	問17	問18	問19	問20
7	8	7	2	1
−7	−3	−5	7	1
3	2	6	−2	7

問21	問22	問23	問24	問25
2	1	8	7	6
6	−1	−1	1	3
−7	7	2	−6	−6
7	−4	−9	7	1

問26	問27	問28	問29	問30
4	4	1	2	3
3	2	4	3	3
−4	3	2	4	2

問31	問32	問33	問34	問35
5	4	3	2	6
−1	2	4	7	−2
3	−3	−4	−6	2

問36	問37	問38	問39	問40
1	2	4	1	2
3	2	4	2	4
3	4	1	1	1
−4	−4	−5	2	2

問41	問42	問43	問44	問45
2	7	6	5	9
3	−4	−3	2	−5
2	6	4	−2	3
1	−6	−3	−2	−4

問46	問47	問48	問49	問50
4	8	4	8	2
3	−5	4	−4	1
−4	−2	−5	2	6
4	8	4	−5	−7

ひらがな並べ

①〜⑥の四角には、バラバラの文字が入っています。それぞれの文字を並べ替えると、誰もが知っている「言葉＝キーワード」になります。頭のなかを柔らかくし、隠された6個のキーワードを見つけましょう。

❶
ま	ご
り	い

❷
つ	な
こ	こ

❸
ろ	ん
ば	そ

❹
い	え
ぴ	ろ
つ	ん

❺
き	う
と	う
と	よ

❻
く	ち
ふ	じ
ん	し

答え

❶ まごいり ❷ ここなつ ❸ そばろん ❹ いろえんぴつ ❺ とうきょうと ❻ しちふくじん

PART2

簡単な
繰り上がり・繰り下がり

PART 2　簡単な繰り上がり・繰り下がり

表を読んでから珠を動かす

表を使って正しく珠を動かす

十の位を使う計算では、「一の位がたせないとき・引けないとき」の表を頭に入れておくと便利です。そうすることで頭のなかで数えなくても、正しく珠を動かすことができます。簡単な繰り上がり・繰り下がりから始めましょう。

チャレンジ！やってみよう

1　6+4の計算

4たせないときは6を引いてから10をたす

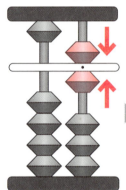
親指と人さし指で6にする

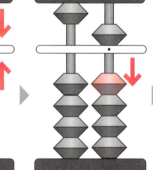
人さし指で
1珠を1つさげる

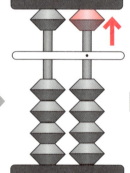
人さし指で
5珠を1つあげる

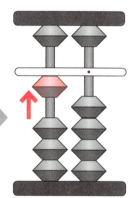
1珠を親指で
1つあげる

2　10−2の計算

ひく2は10をひいて8をたす

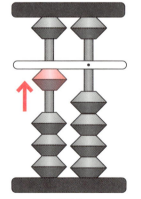
親指で1珠を
1つあげる

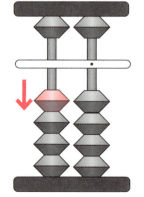
人さし指で1珠を
1つさげる

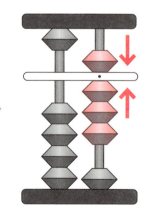
親指と人さし指で
8にする

【たせないとき】の【くりあげかた】

❾	たせないときは	❶	をひいてから	**10**	をたす
❽	たせないときは	❷	をひいてから	**10**	をたす
❼	たせないときは	❸	をひいてから	**10**	をたす
❻	たせないときは	❹	をひいてから	**10**	をたす
❺	たせないときは	❺	をひいてから	**10**	をたす
❹	たせないときは	❻	をひいてから	**10**	をたす
❸	たせないときは	❼	をひいてから	**10**	をたす
❷	たせないときは	❽	をひいてから	**10**	をたす
❶	たせないときは	❾	をひいてから	**10**	をたす

【ひけないとき】の【くりさげかた】

❾	ひけないときは	**10**	をひいてから	❶	をたす
❽	ひけないときは	**10**	をひいてから	❷	をたす
❼	ひけないときは	**10**	をひいてから	❸	をたす
❻	ひけないときは	**10**	をひいてから	❹	をたす
❺	ひけないときは	**10**	をひいてから	❺	をたす
❹	ひけないときは	**10**	をひいてから	❻	をたす
❸	ひけないときは	**10**	をひいてから	❼	をたす
❷	ひけないときは	**10**	をひいてから	❽	をたす
❶	ひけないときは	**10**	をひいてから	❾	をたす

PART 2　9の足し算と引き算

10　1を引いてから10をたす
10を引いてから1をたす

五珠の分解がある繰り上がりと繰り下がり

ここからは繰り上がりや繰り下がりの計算を順番に見ていきます。9をたす場合は、一の位においてある珠から1を引き、続けて10をたします。9を引く場合は、十の位においてある珠から10を引き、続けて1をたします。

チャレンジ！やってみよう

1　5+9の計算

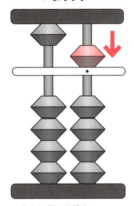

人さし指で5珠をさげる

たす9は1をひいて10をたす

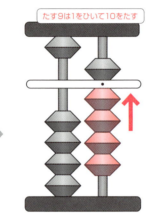

1珠を4つあげる

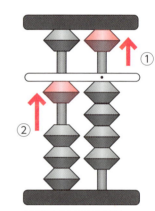

5珠をあげてから1珠を親指で1つあげ、14にする

2　14－9の計算

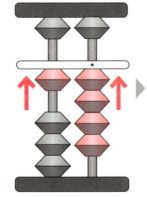

14にする

ひく9は10をひいて1をたす

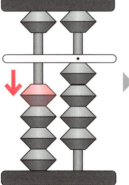

人さし指で10をさげる

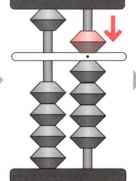

人さし指で5珠をさげる

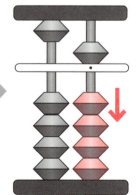

人さし指で1珠を4つさげる

練習問題

問 1	問 2	問 3	問 4	問 5
5	5	5	3	5
9	9	9	2	9
1	2	6	9	8

問 6	問 7	問 8	問 9	問 10
14	14	5	14	14
−9	−9	9	−9	−9
3	1	−9	−1	−3

問 11	問 12	問 13	問 14	問 15
13	16	15	9	24
1	−1	9	5	−9
−9	9	4	−9	−3

問 16	問 17	問 18	問 19	問 20
9	5	6	25	6
1	9	9	−1	8
5	−9	9	−9	−9
9	3	−9	9	−3

PART 2 8の足し算と引き算

11 2を引いてから10をたす 10を引いてから2をたす

繰り上がりは一の位から2を引いて十の位におく

8をたす場合は、一の位から2を引き、続けて10をたして答えを出します。8を引く場合は、十の位においてある珠から10を引き、続けて2をたします。2をおくときに5珠を使うときは、計算ミスに注意しましょう。

チャレンジ！やってみよう

1 5+8の計算

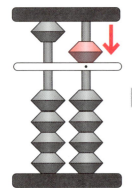
人さし指で
5珠をさげる

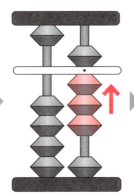
1珠を3つあげる

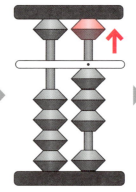
続けて5珠を
人さし指のつめであげる

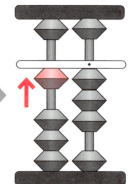
1珠を親指で
1つあげ、13にする

2 13－8の計算

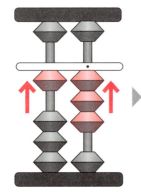
13にする

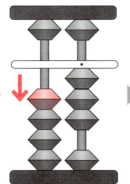
人さし指で10をひく

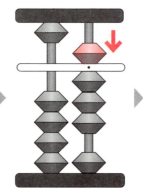
人さし指で
5珠をさげる

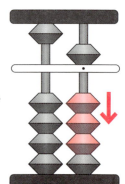
人さし指で
1珠を3つさげる

練習問題

問1	問2	問3	問4	問5
5	6	2	6	1
8	8	3	8	5
1	6	8	1	8

問6	問7	問8	問9	問10
14	13	12	10	13
-8	-8	2	3	-8
2	4	-8	-8	2

問11	問12	問13	問14	問15
6	5	13	4	1
8	8	-8	2	13
-8	2	8	8	-8

問16	問17	問18	問19	問20
4	5	3	5	2
2	8	2	9	3
8	-8	8	-8	8
3	9	4	2	-8

問21	問22	問23	問24	問25
18	5	11	11	24
-2	8	5	8	-8
8	-8	8	4	-2
1	9	-9	-8	9

伝票算．9 — 81

PART 2　7の足し算と引き算

3を引いてから10をたす
10を引いてから3をたす

繰り下がりは十の位から引いてから一の位におく

7をたす場合は、一の位から3を引き、続けて十の位に10をたします。7を引く場合は、十の位の珠から10を引き、続けて3をたします。これまでの繰り上がり・繰り下がりと同じように珠の動かす順番に注意して計算しましょう。

チャレンジ！やってみよう

1 5+7の計算

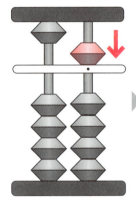 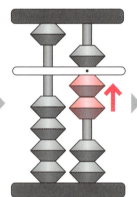 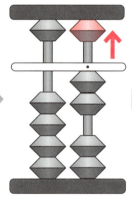 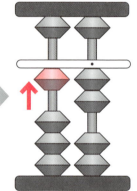

人さし指で　　　親指で1珠を　　　続けて5珠を　　　1珠を親指で
5珠をさげる　　2つあげる　　　　人さし指のつめであげる　1つあげ、12にする

2 12−7の計算

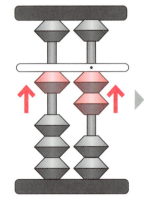 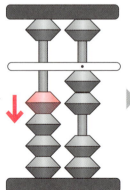 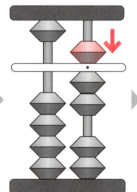 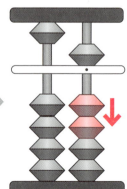

12にする　　　人さし指で10をさげる　人さし指で　　　人さし指で
　　　　　　　　　　　　　　　　　　5珠をさげる　　1珠を2つさげる

36

練習問題

問 1	問 2	問 3	問 4	問 5
5	1	3	1	4
7	4	3	5	3
2	7	7	7	7

問 6	問 7	問 8	問 9	問 10
10	12	19	11	13
2	-7	-7	2	-7
-7	5	-7	-7	9

問 11	問 12	問 13	問 14	問 15
12	15	14	24	15
-7	7	1	-7	7
9	-7	7	-5	3

問 16	問 17	問 18	問 19	問 20
4	10	4	8	6
3	-7	7	-7	9
5	3	4	4	7
-7	7	7	7	5

問 21	問 22	問 23	問 24	問 25
6	19	15	13	14
7	5	7	-7	1
2	-7	-7	1	7
8	-3	7	7	4

伝票算.10 ― 701

PART 2　6の足し算と引き算

13 4を引いてから10をたす
10を引いてから4をたす

繰り上がりと繰り下がりの計算をおさらいする

6をたす場合は、一の位から4を引き、続けて十の位に10をたします。6を引く場合は、十の位においてある珠から10を引き、続けて4をたします。頭のなかで考えて珠を正しく動かせているか、おさらいしておきましょう。

チャレンジ！やってみよう

1　5+6の計算

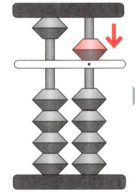 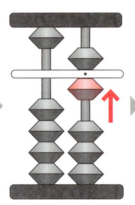 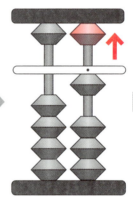 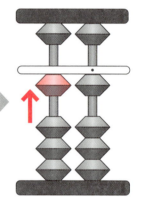

人さし指で5珠をさげる　1珠を1つあげる　続けて5珠を人さし指のつめであげる　1珠を親指で1つあげ、11にする

2　11-6の計算

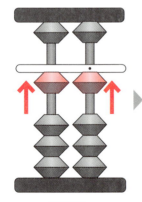 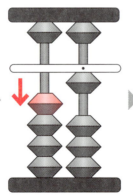 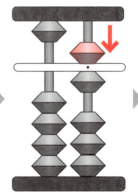 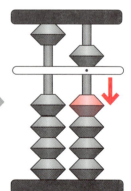

11にする　人さし指で10をさげる　人さし指で5珠をさげる　人さし指で1珠をさげる

練習問題

問1	問2	問3	問4	問5
5	2	7	6	7
6	6	6	6	5
4	6	4	−6	−6

問6	問7	問8	問9	問10
11	5	14	8	9
−6	6	−6	6	6
5	9	8	−2	6

問11	問12	問13	問14	問15
15	14	16	7	16
6	−6	6	6	6
3	2	−7	−3	4

問16	問17	問18	問19	問20
5	13	8	11	5
6	−6	6	−6	6
5	6	2	−1	2
−6	3	6	9	−6

問21	問22	問23	問24	問25
18	12	8	7	23
−6	6	6	6	−6
−6	4	−6	−2	2
5	−6	−8	−6	−6

PART 2　50に繰り上がる足し算と50から繰り下がる引き算

14　繰り上がって5珠を使う　5珠を払って繰り下がる

50になっても指の動かし方は変わらない

5珠を使う50の繰り上がりは、数が大きくなっても、指の使い方は変わりません。落ち着いて珠を動かしましょう。5珠を使う50の繰り下がりも、これまでの繰り下がりと同じように、十の位を払ってから一の位の珠を動かします。

チャレンジ！やってみよう

1　49+1の計算

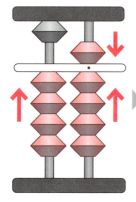 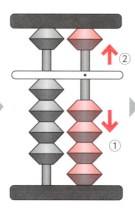 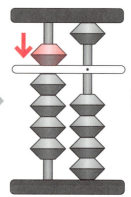 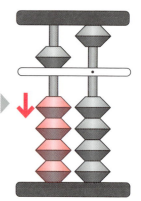

49にする　　人さし指で9を払う　　十の位の5珠をさげる　　十の位の1珠を4つさげ、50にする

2　51-2の計算

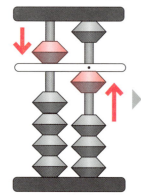 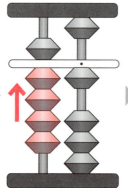 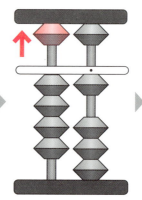 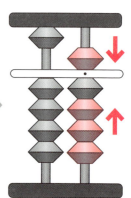

51にする　　十の位の1珠を4つあげる　　十の位の5珠をあげる　　一の位に8をたし、49にする

練習問題

問1	問2	問3	問4	問5
43	48	47	46	34
8	2	3	6	22

問6	問7	問8	問9	問10
56	52	58	61	74
−9	−4	−9	−17	−28

問11	問12	問13	問14	問15
23	33	41	64	73
28	17	9	−19	−24

問16	問17	問18	問19	問20
68	62	78	96	84
−19	−18	−29	−47	−36

問21	問22	問23	問24	問25
14	48	68	16	41
38	21	−9	48	13
−9	−14	15	−19	−5

問26	問27	問28	問29	問30
24	73	69	86	54
31	−24	−19	−47	−8
−8	5	12	15	15
14	−8	−31	−12	−21

伝票算.12 — 36

PART 2 100に繰り上がる足し算と100から繰り下がる引き算

15 三桁まで繰り上がって珠をおく 百から繰り下がって十の位に9をおく

100から1桁の数を引くときは十の位に9をおく

ここでは三桁「100」の数の計算を行います。繰り上がりはこれまでと同じように、正しい珠の動かし方を注意しましょう。

100から1桁の数を引く場合、百の位からの繰り下がり、十の位に9をおいてから一の位の数を引く順番となります。

チャレンジ！やってみよう

1 92+8の計算

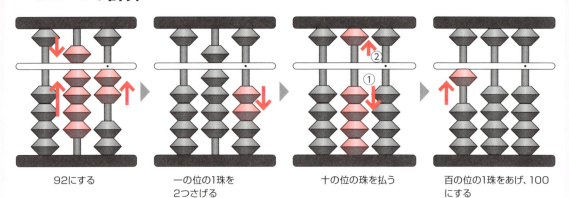

92にする　　一の位の1珠を2つさげる　　十の位の珠を払う　　百の位の1珠をあげ、100にする

2 100−8の計算

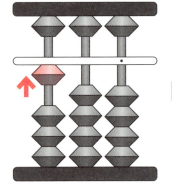
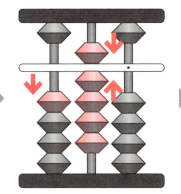
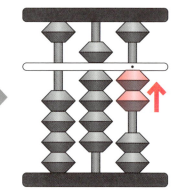

100にする　　百の位の珠をさげ、十の位を9にする　　一の位の1珠を2つあげる

練習問題

伝票算.13 —— 956

問1	問2	問3	問4	問5
94	92	57	65	43
9	9	47	39	59

問6	問7	問8	問9	問10
48	78	100	100	100
64	25	−2	−9	−11

問11	問12	問13	問14	問15
100	108	120	148	141
−3	−9	−24	−49	−46

問16	問17	問18	問19	問20
42	24	58	99	62
58	18	43	−27	55
71	62	−4	41	−19

問21	問22	問23	問24	問25
53	81	45	73	108
48	−9	83	61	−42
−6	29	−41	−38	39
42	−8	14	19	−80

問26	問27	問28	問29	問30
73	15	56	97	47
39	88	46	−24	−13
−19	−16	41	−15	68
90	101	24	44	69

PART 2

復習 50問チャレンジ！

問1	問2	問3	問4	問5
8	4	21	6	6
1	9	−2	9	8
−9	−3	9	−5	−3

問6	問7	問8	問9	問10
1	5	2	14	8
5	8	8	−8	12
8	−4	−1	5	−4

問11	問12	問13	問14	問15
4	3	8	11	7
2	8	2	−8	−4
−3	−5	−8	4	8
8	4	4	8	6

問16	問17	問18	問19	問20
2	7	21	11	10
1	−4	−7	7	−7
7	3	8	−2	3

問21	問22	問23	問24	問25
21	22	23	24	25
5	4	32	3	5
7	7	−7	7	6
−4	12	1	−6	7
7	7	−7	5	2

問 26	問 27	問 28	問 29	問 30
93	16	45	78	32
18	37	20	91	68
40	52	69	34	−70

問 31	問 32	問 33	問 34	問 35
43	69	70	25	18
20	31	23	97	30
61	78	−46	80	59
95	40	58	16	−24

問 36	問 37	問 38	問 39	問 40
57	69	30	24	81
49	70	15	87	43
62	21	89	36	50
80	−53	64	10	−79

問 41	問 42	問 43	問 44	問 45
98	73	108	15	47
−24	66	−42	88	−13
27	−38	81	−16	58
34	19	−80	101	69

問 46	問 47	問 48	問 49	問 50
57	84	92	61	36
14	53	60	89	19
28	−10	34	−52	47
90	26	87	73	50
63	79	15	40	28

仲間探し

マスのなかには、ランダムに数字が並んでいます。マスの隣同士、縦または横の組み合わせを使い、たした合計が「10」になる仲間をつくります。同じ数字を2度使ってもOK。全ての数字を使って、仲間はずれがない組み合わせを考えましょう。

7	2	9	1
3	3	7	2
1	5	2	4
4	5	1	6
2	8	3	7

答え

PART3
かけ算・わり算

PART 3　かけ算・わり算の準備

16 定位シールをはると かけ算・わり算がわかりやすくなる

定位シールをはって準備しよう！

かけ算のやり方は、大きくわけて3つあります。一つ目は「かける数とかけられる数をおく」パターン。二つ目は「かけられる数しかおかない」かた落としのパターン。三つ目は「どちらもおかない」両落としのパターン。

この本ではいしど式で推奨しているかた落としに定位シールをはって、わかりやすく解説していきます。P49にあるシールを切り取り、下記のようにそろばんにはって準備しましょう。

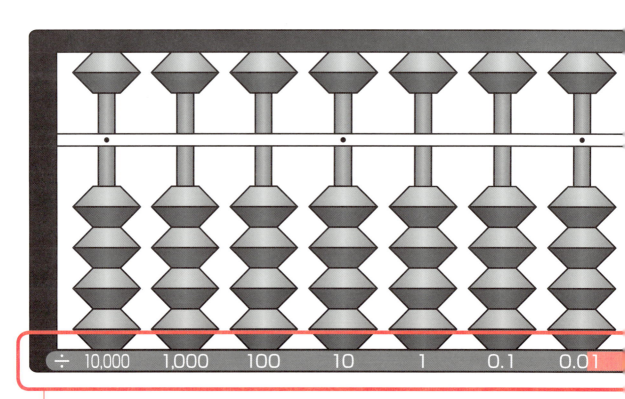

定位シールをわくの下部に貼りつける

+1 アドバイス！

定位シールの貼り方

　そろばんの中心、または中心よりもひとつ右の定位点が0.01（赤と黒が交わる所）の部分と一致するようにセロテープで固定しましょう。 定位シールが破れてしまわないように全体をセロテープで覆うように固定してください。

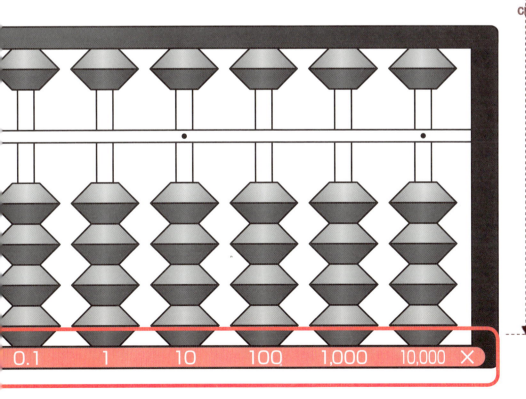

PART 3　10の位のかけ算

17　2桁のかけ算にチャレンジしよう

かけられる数をおいてスタートする

まずは10の位のかけ算にチャレンジしましょう。かけられる数字のみをそろばんにおきます。定位シールのどこをおさえて計算するか確認しながら進めることが大切。かけられる数の右となりを指でおさえます。

チャレンジ！やってみよう

1　36×4の計算

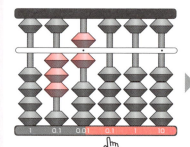

赤と黒のまんなかに36をおく
次に6のとなりを人さし指でおさえる

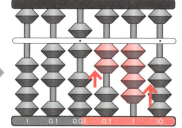

6×4＝24「にじゅうし」、
「じゅう」ということばがつくので
（答えが2桁なので）、
おさえているところから24をおく。

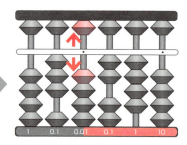

24をおいたら問題の6をはらう

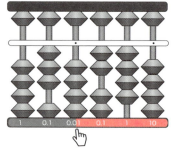

次に問題の3のとなりを人さし指でおさえる

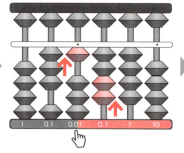

3×4＝12「じゅうに」、「じゅう」ということばがあるので、おさえているとこから12をおく

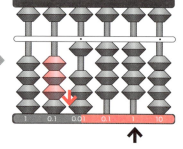

12をおいたら問題の3をはらう

答えはかける数が1桁なら、
赤いシールの1までよむ「144」

50

1の位のかけ算

18 指でおさえたとなりに数をおく

答えに「じゅう」がないときは隣におく

九九が1の位の問題では、かけたこたえに「じゅう」がつかないとき、数をおくところが変わります。指でおさえているとなりにおき、計算を進めます。先に指が動いてしまうと、たす位置を間違えてしまうので注意しましょう。

チャレンジ！やってみよう

1 42×2の計算

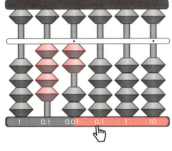

赤と黒のまんなかに42をおき、2のとなりを指でおさえる

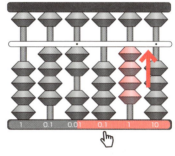

2×2＝4「し」、「じゅう」ということばがないので（答えが1桁なので）、おさえているところのとなりに4をおく

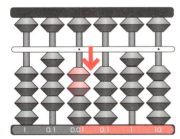

4をおいたら問題の2を払う

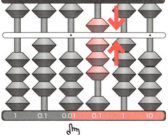

次に問題の4のとなりを人さし指でおさえる
4×2＝8「はち」、「じゅう」ということばがないので、おさえているとなりに8をおく

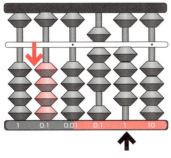

8をおいたら問題の4を払う。
こたえ「84」

答えはかける数字が1桁の場合、赤いシールの1まで読む

51

PART 3　いろいろなかけ算

19 いろいろな種類の かけ算を練習する

「じゅう」がつく、つかないがミックスされたかけ算

ここまでは、二桁×一桁の計算で「じゅう」ということばがつくとき、つかないときのかけ算をマスターしました。ここからは桁によって「じゅう」がつく、「つかない」ミックス問題にチャレンジ。基本のかけ算の総仕上げとして、練習問題に取り組んでみましょう。

チャレンジ！やってみよう

1　26×3の計算

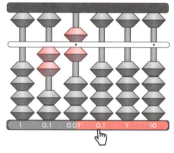

赤と黒の真ん中に26をおき、6のとなりをおさえる

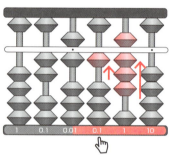

6×3=18
「じゅう」ということばがつくので、おさえているところから18をおく

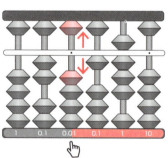

18をおいたら、問題の6を払い、次に問題の2のとなりをおさえる

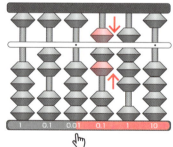

2×3=6
「じゅう」ということばがつかないので、おさえているところのとなりに6をおく

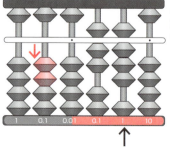

6をおいたら、問題の2を払う。答え「78」

「20×5」のように問題の1の位に0がつく場合、0のとなりはおさえず、2×5から計算する。2×5の答えをおいたら問題を払い、赤いシールの1まで読む

52

練習問題

問1	24 × 2 =	問26	12 × 3 =
問2	14 × 2 =	問27	11 × 4 =
問3	23 × 3 =	問28	32 × 2 =
問4	21 × 3 =	問29	42 × 1 =
問5	11 × 8 =	問30	21 × 2 =
問6	32 × 3 =	問31	38 × 2 =
問7	41 × 2 =	問32	27 × 3 =
問8	42 × 2 =	問33	18 × 4 =
問9	31 × 3 =	問34	15 × 7 =
問10	23 × 2 =	問35	13 × 9 =
問11	40 × 2 =	問36	39 × 3 =
問12	30 × 2 =	問37	80 × 3 =
問13	12 × 2 =	問38	26 × 5 =
問14	22 × 3 =	問39	30 × 2 =
問15	10 × 2 =	問40	70 × 9 =
問16	33 × 2 =	問41	60 × 4 =
問17	20 × 4 =	問42	82 × 3 =
問18	41 × 1 =	問43	51 × 7 =
問19	33 × 1 =	問44	72 × 2 =
問20	22 × 2 =	問45	20 × 5 =
問21	31 × 2 =	問46	37 × 2 =
問22	13 × 2 =	問47	15 × 5 =
問23	30 × 3 =	問48	12 × 9 =
問24	23 × 6 =	問49	26 × 4 =
問25	14 × 1 =	問50	36 × 3 =

伝票問題.18 ── 530

PART 3　そろばんを使ったわり算①

20 答えを1桁とんでおく

数を引くときは「じゅう」がつく、つかないに注意

わり算では、わられる数のなかに、わる数が「あるとき」「ないとき」で指おさえの位置が移動します。答えをおいて、問題から数を引いていくときは、「じゅう」がつくとき、つかないときで、引くところが違うので間違えないようにしましょう。

チャレンジ！やってみよう

1 46÷2の計算

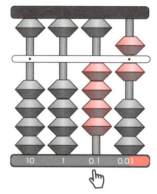

赤と黒のまんなかに 46 をおき、問題の数字の一番左を指でおさえる

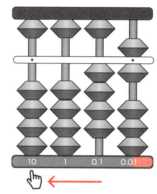

おさえている「4」のなかに 2 があるときは、「あ〜る」といって、左に 2 つ指を動かす

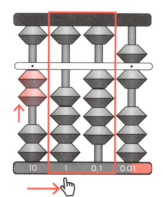

4÷2＝2
おさえているところに 2 をおき、となりをおさえる

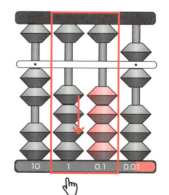

問題を払う前は、「2×2＝4」とかけ算。「じゅう」ということばがつかないとき（答えが 1 桁のとき）は、おさえているとなりから引く。4 を払う。

54

練習問題

問1	69 ÷ 3 =	問10	93 ÷ 3 =
問2	36 ÷ 3 =	問11	64 ÷ 2 =
問3	24 ÷ 2 =	問12	44 ÷ 2 =
問4	86 ÷ 2 =	問13	96 ÷ 3 =
問5	42 ÷ 2 =	問14	60 ÷ 3 =
問6	68 ÷ 2 =	問15	40 ÷ 2 =
問7	69 ÷ 3 =	問16	50 ÷ 5 =
問8	39 ÷ 3 =	問17	20 ÷ 2 =
問9	55 ÷ 5	問18	30 ÷ 3 =

伝票問題 .19 ― 934

80÷2のように問題に0がつくときは、わり切れたところで答えを読む

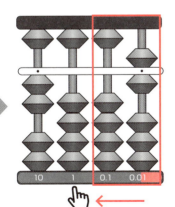

残っている問題をおさえ、おさえている「6」のなかに2があるときは、「あ〜る」といって、左に2つ指を動かす

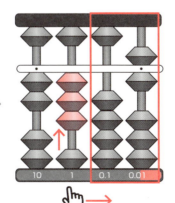

6÷2＝3
おさえているところに3をおき、となりをおさえる

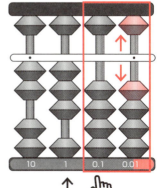

3×2＝6 「じゅう」ということばがつかないので、おさえているとなりの6を払う
答えは黒シールの1までよむ「23」

55

PART 3　そろばんを使ったわり算②

21 答えが近い数を九九から探す

九九から答えをさがす

わられる数のなかにわる数があるときと、ないときでは指の動かし方が変わります。わり算の答えを導くときは、九九からイメージして探し出します。21を7でわるときは、21のなかに7がいくつあるのか、七の段から求めましょう。

チャレンジ！やってみよう

1　136÷2の計算

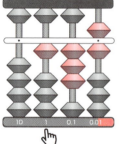

赤と黒のまんなかに136をおくおいた問題の数字の一番左を指でおさえる

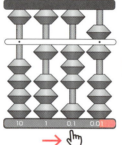

おさえている「1」のなかに2がないときは、「ない」といって指を右に1つ動かす

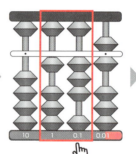

おさえているところから「13」と読み、このなかに2があるかどうかみる

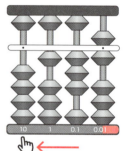

あるときは「あ〜る」といって、左に2つ指を動かす

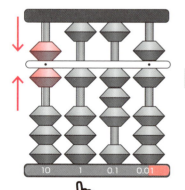

13÷2は6が近いので、おさえているところに6をおき、となりに指を動かす

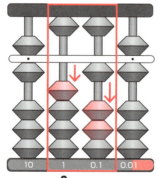

6であっているかそろばんから読む。
6×2=12
答えに「じゅう」ということばがつくとき（答えが2桁のとき）は、おさえているところから12をひく

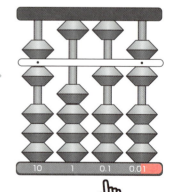

残っている問題の16の左を指でおさえる

練習問題

問1	648 ÷ 9 =	問11	119 ÷ 7 =
問2	498 ÷ 6 =	問12	112 ÷ 4 =
問3	136 ÷ 2 =	問13	128 ÷ 8 =
問4	399 ÷ 7 =	問14	171 ÷ 9 =
問5	147 ÷ 7 =	問15	111 ÷ 3 =
問6	125 ÷ 5 =	問16	135 ÷ 9 =
問7	192 ÷ 2 =	問17	116 ÷ 4 =
問8	384 ÷ 6 =	問18	126 ÷ 7 =
問9	224 ÷ 4 =	問19	105 ÷ 3 =
問10	132 ÷ 6 =	問20	108 ÷ 6 =

伝票問題 .20 ── 485

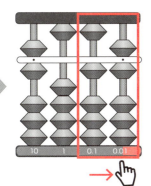

おさえている「1」の
なかに2がないときは、
「ない」といって指を右に1つ動かし、
おさえているところから
「16」と読んでこのなかに2が
あるかどうかみる

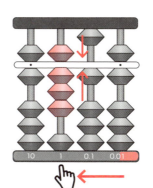

あるときは「あ〜る」といって、
指を左に2つ動かし、8をおく

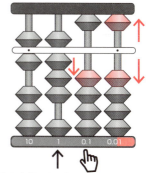

となりを指でおさえ8で
あっているかどうか、そろばんから読む。
8×2=16
答えに「じゅう」ということばがつくとき
（答えが2桁のとき）は、
おさえているところから16をはらう。
こたえ「68」

PART 3

復習 80問チャレンジ！

問1	68 × 2 =	問21	21 × 2 =
問2	36 × 4 =	問22	70 × 9 =
問3	24 × 8 =	問23	60 × 4 =
問4	37 × 4 =	問24	82 × 3 =
問5	25 × 7 =	問25	51 × 7 =
問6	57 × 3 =	問26	72 × 2 =
問7	98 × 3 =	問27	20 × 5 =
問8	97 × 8 =	問28	37 × 2 =
問9	89 × 2 =	問29	15 × 5 =
問10	53 × 5 =	問30	12 × 9 =
問11	22 × 2 =	問31	26 × 4 =
問12	31 × 2 =	問32	60 × 4 =
問13	13 × 2 =	問33	82 × 3 =
問14	30 × 3 =	問34	51 × 7 =
問15	23 × 6 =	問35	72 × 2 =
問16	14 × 1 =	問36	20 × 5 =
問17	12 × 3 =	問37	37 × 2 =
問18	11 × 4 =	問38	15 × 5 =
問19	32 × 2 =	問39	12 × 9 =
問20	42 × 1 =	問40	26 × 4 =

58

問41	$92 \div 4 =$	問61	$744 \div 8 =$
問42	$72 \div 6 =$	問62	$810 \div 9 =$
問43	$74 \div 2 =$	問63	$168 \div 7 =$
問44	$56 \div 4 =$	問64	$249 \div 3 =$
問45	$87 \div 3 =$	問65	$122 \div 2 =$
問46	$45 \div 3 =$	問66	$96 \div 4 =$
問47	$180 \div 9 =$	問67	$295 \div 5 =$
問48	$78 \div 2 =$	問68	$490 \div 7 =$
問49	$48 \div 3 =$	問69	$81 \div 3 =$
問50	$65 \div 5 =$	問70	$180 \div 6 =$
問51	$166 \div 2 =$	問71	$819 \div 9 =$
問52	$305 \div 5 =$	問72	$375 \div 5 =$
問53	$128 \div 4 =$	問73	$744 \div 8 =$
問54	$108 \div 2 =$	問74	$819 \div 9 =$
問55	$246 \div 6 =$	問75	$568 \div 8 =$
問56	$276 \div 3 =$	問76	$325 \div 5 =$
問57	$256 \div 4 =$	問77	$427 \div 7 =$
問58	$268 \div 4 =$	問78	$837 \div 9 =$
問59	$155 \div 5 =$	問79	$138 \div 6 =$
問60	$357 \div 7 =$	問80	$273 \div 3 =$

倍数字

マスのなかにはランダムに数字が入っています。「7」でわり切れる数字のマスだけをぬりつぶしていくと、塗りつぶしたマスから、イラストが表れてきます。何が出てくるでしょうか。チャレンジしてみましょう。

30	25	26	41	19	41	25	1	4	29	3	4	3	9	3
1	10	29	49	35	4	6	29	16	76	7	42	51	5	51
5	4	28	1	19	7	26	5	29	56	12	4	77	12	3
16	5	77	17	6	21	25	1	76	14	3	51	35	55	16
30	19	56	5	30	19	7	35	21	5	47	20	49	5	41
4	16	49	9	4	11	20	10	11	4	9	4	21	52	3
21	5	35	1	29	9	41	4	9	26	6	16	49	16	56
10	35	77	6	10	77	3	4	3	28	3	41	63	42	76
55	4	56	20	11	11	30	7	12	25	51	51	70	19	25
5	21	70	1	1	25	17	42	25	1	55	17	28	7	29
56	11	12	21	5	12	28	49	35	6	41	56	20	10	77
30	10	17	30	42	25	16	6	41	19	63	55	51	26	76
1	20	1	6	4	56	49	35	42	7	1	17	1	1	20

答え

112ページ参照

PART4
レベルアップする かけ算・わり算

PART 4　8級かけ算

22 かけられる数に対し順番にかける

9級のかけ算を応用して答えを出す

8級ではかけ算の桁が1桁増え、3桁×1桁の計算となります。前パートで学んだ2桁×1桁のかけ算の応用ですが、やり方は同じです。指のおさえ方や答えのおき方を間違えず、正しい答えが出せるよう練習しましょう。

チャレンジ！やってみよう

1　561×5の計算

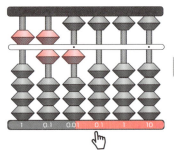

赤と黒のまんなかに561をおく。
次に1のとなりを
人さし指でおさえる

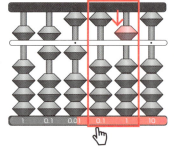

1×5＝5「ご」、「じゅう」ということばがないので、おさえているところのとなりに数をおく

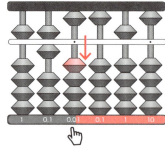

5をおいたら問題の1を払い、次に問題の6のとなりを人さし指でおさえる

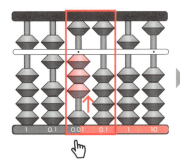

6×5＝30「さんじゅう」、「じゅう」ということばがあるので、おさえているところに30をおく

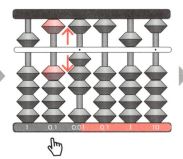

30をおいたら問題の6を払い、問題の5のとなりを人さし指でおさえる

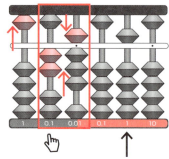

5×5＝25「にじゅうご」、「じゅう」ということばがあるので、おさえているところに25をおき、問題の5をはらう。

> 答えは、かける数がひとつの場合、赤いシールの1のところまで読む「2,805」

練習問題

問1	479×3 =	問26	289×4 =
問2	362×5 =	問27	561×5 =
問3	125×8 =	問28	136×3 =
問4	418×9 =	問29	903×9 =
問5	250×7 =	問30	327×2 =
問6	704×5 =	問31	702×7 =
問7	537×6 =	問32	485×3 =
問8	983×6 =	問33	147×8 =
問9	691×4 =	問34	651×4 =
問10	806×2 =	問35	219×5 =
問11	260×3 =	問36	398×9 =
問12	946×4 =	問37	806×3 =
問13	387×2 =	問38	530×4 =
問14	134×9 =	問39	264×2 =
問15	193×7 =	問40	973×6 =
問16	502×9 =	問41	475×6 =
問17	875×5 =	問42	286×9 =
問18	658×2 =	問43	903×9 =
問19	429×6 =	問44	527×3 =
問20	701×8 =	問45	819×7 =
問21	694×7 =	問46	302×2 =
問22	802×5 =	問47	154×9 =
問23	458×2 =	問48	640×4 =
問24	170×8 =	問49	761×5 =
問25	745×6 =	問50	398×7 =

伝票問題.23 ― 521

PART 4　7級かけ算序章（1桁×2桁①）

23 「じゅう」がついたら そのままたす

7級のかけ算にチャレンジする

かけ算やわり算、見取り算ができるようになると8級レベルの計算ができるようになります。ここからは、7級のかける数が2桁になる、かけ算にチャレンジ。かけ算の九九から正確に答えを求めましょう。答えは赤いシールの10まで読みます

チャレンジ！やってみよう

1　3×76の計算

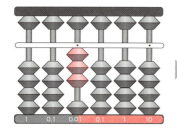

赤と黒のまんなかに3をおく。
3×7、3×6の順番でかけざんする

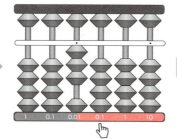

3のとなりを人さし指でおさえる

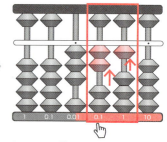

3×7＝21「にじゅういち」、「じゅう」ということばがあるので、おさえているところに21をおく

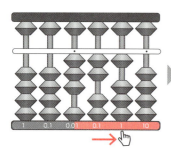

たしたら最初におさえたとなりを人さし指でおさえる

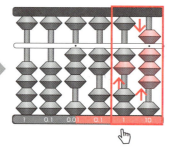

次に3×6＝18「じゅうはち」、「じゅう」ということばがあるので、おさえているところに18をおく

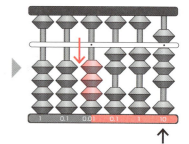

18をおいたら問題の3をはらう。かける数が2桁の場合、赤いシールの10まで読む。　答え「228」

練習問題

問1	4 × 39 =	問26	6 × 59 =
問2	4 × 43 =	問27	8 × 59 =
問3	7 × 85 =	問28	6 × 34 =
問4	5 × 37 =	問29	7 × 83 =
問5	7 × 65 =	問30	9 × 37 =
問6	3 × 59 =	問31	4 × 54 =
問7	6 × 92 =	問32	3 × 98 =
問8	8 × 73 =	問33	6 × 38 =
問9	9 × 24 =	問34	2 × 76 =
問10	3 × 76 =	問35	7 × 46 =
問11	6 × 95 =	問36	5 × 89 =
問12	2 × 65 =	問37	4 × 94 =
問13	8 × 95 =	問38	8 × 32 =
問14	4 × 75 =	問39	3 × 74 =
問15	5 × 24 =	問40	9 × 65 =
問16	9 × 36 =	問41	2 × 87 =
問17	8 × 25 =	問42	3 × 84 =
問18	9 × 73 =	問43	7 × 42 =
問19	7 × 47 =	問44	5 × 68 =
問20	5 × 36 =	問45	2 × 65 =
問21	8 × 66 =	問46	4 × 86 =
問22	7 × 64 =	問47	8 × 44 =
問23	5 × 83 =	問48	3 × 65 =
問24	9 × 44 =	問49	6 × 74 =
問25	5 × 76 =	問50	4 × 76 =

伝票問題.24 — 8,437

> PART 4　7級かけ算序章（1桁×2桁②）

24 「じゅう」がつかない ならとなりにたす

指とおさえるところに注意して計算する

かける数が2桁になるかけ算では、かけられる数×十の位、かけられる数×一の位の順番で計算します。答えに「じゅう」がつかない場合、指でおさえているとなりに数をたし、次は最初に指でおさえたとなりから計算を続けます。

チャレンジ！やってみよう

1 4×12の計算

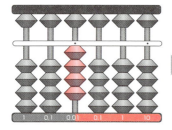

赤と黒のまんなかに4をおく。
4×1、4×2の順番でかけ算する

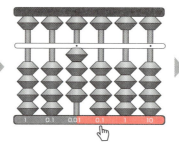

4のとなりを人さし指でおさえる。

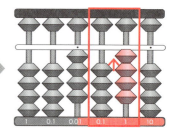

4×1＝4「し」、「じゅう」ということばがつかないので、おさえているところのとなりに4をおく

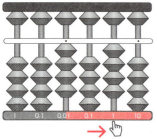

たしたらとなりを人さし指でおさえる

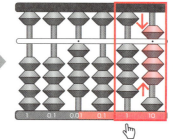

次に4×2＝8
「はち」、「じゅう」ということばがつかないので、おさえているところのとなりに8をおく

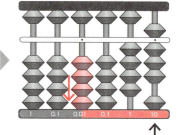

8をおいたら問題の4をはらう。かける数が2桁の場合、赤いシールの10まで読む。
答え「48」

> 2×40のようにかける数に0がつくときは、
> 2×4＝8、2×0＝0と、0も読んでから問題を払う

練習問題

問1	4 × 22 =		問26	9 × 11 =
問2	2 × 42 =		問27	7 × 12 =
問3	3 × 13 =		問28	5 × 82 =
問4	2 × 21 =		問29	2 × 33 =
問5	6 × 11 =		問30	8 × 10 =
問6	2 × 41 =		問31	4 × 15 =
問7	4 × 21 =		問32	6 × 84 =
問8	4 × 12 =		問33	2 × 34 =
問9	3 × 32 =		問34	8 × 12 =
問10	2 × 24 =		問35	7 × 64 =
問11	2 × 34 =		問36	5 × 96 =
問12	2 × 49 =		問37	3 × 33 =
問13	8 × 14 =		問38	4 × 93 =
問14	2 × 46 =		問39	6 × 12 =
問15	6 × 15 =		問40	2 × 35 =
問16	4 × 23 =		問41	3 × 89 =
問17	2 × 36 =		問42	5 × 79 =
問18	3 × 27 =		問43	4 × 87 =
問19	3 × 34 =		問44	6 × 51 =
問20	8 × 11 =		問45	2 × 27 =
問21	6 × 13 =		問46	3 × 38 =
問22	2 × 14 =		問47	5 × 19 =
問23	3 × 12 =		問48	3 × 25 =
問24	7 × 10 =		問49	2 × 40 =
問25	2 × 23 =		問50	7 × 21 =

伝票問題.25 — 397

PART 4　7級かけ算（2桁×2桁）

25 かけられる数の一の位、十の位の順に計算する

「じゅう」がついたら、おさえているところにたす

二桁×二桁の計算は、答えの数が大きくなります。難しいと思いがちですが、これまでのかけ算のやり方で大丈夫。最初にかけられる数の一の位をかけ算してから、次にかけられる数の十の位のかけ算に進みます。

チャレンジ！やってみよう

1　82×85の計算

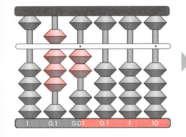

赤と黒のまんなかに82をおく。
最初に2×8、2×5の順番でかけ算する

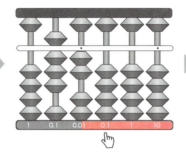

2のとなりを人さし指でおさえる。

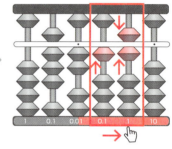

2×8＝16
「じゅうろく」、「じゅう」ということばがつくので、おさえているところに16をおき、となりをおさえる。

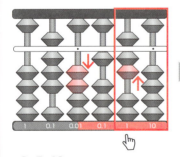

2×5＝10
「じゅう」、「じゅう」ということばがつくので、おさえているところに10をたし、問題の2をはらう

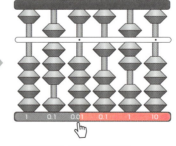

次に8×8、8×5の順番でかけ算する。
8のとなりを人さし指でおさえる

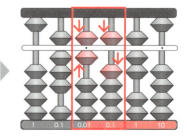

8×8＝64「ろくじゅうし」、「じゅう」ということばがつくので、おさえているところに64をおく

練習問題

問1	45 × 68 =	問16	48 × 53 =
問2	93 × 84 =	問17	69 × 32 =
問3	68 × 27 =	問18	74 × 88 =
問4	74 × 39 =	問19	54 × 78 =
問5	23 × 79 =	問20	95 × 32 =
問6	59 × 74 =	問21	82 × 56 =
問7	34 × 57 =	問22	44 × 66 =
問8	82 × 85 =	問23	98 × 43 =
問9	85 × 42 =	問24	87 × 25 =
問10	96 × 23 =	問25	74 × 38 =
問11	75 × 29 =	問26	35 × 64 =
問12	32 × 55 =	問27	93 × 87 =
問13	65 × 39 =	問28	25 × 69 =
問14	48 × 83 =	問29	46 × 39 =
問15	93 × 46 =	問30	25 × 99 =

伝票問題.26 ―― 9,835

となりを人さし指でおさえる

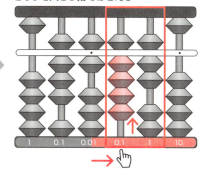

となりをおさえて、
8×5＝40「しじゅう」、「じゅう」ということばがつくので、おさえているところに40をたす

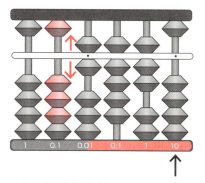

たしたら問題の8を払い、
赤いシールの10まで読む。
答え「6,970」

69

PART 4　7級かけ算（2桁×2桁）

26　「じゅう」がなければ指のとなりにたす

「じゅう」がつくときとつかないときで位置を間違えない

二桁×二桁の計算でも、答えに「じゅう」ということばがなければ、指でおさえているとなりにたします。「じゅう」がつくときと間違えないよう、答えを出しましょう。最後の答えは、赤いシールの10まで読みます。

チャレンジ！やってみよう

1　**12×43の計算**

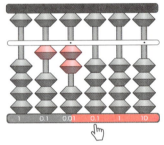

赤と黒のまんなかに12をおく。最初に2×4、2×3の順番でかけ算する

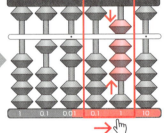

2×4＝8「はち」、「じゅう」ということばがつかないので、おさえているところのとなりに8をおく

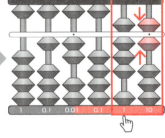

2×3＝6「ろく」、「じゅう」ということばがつかないので、おさえているところのとなりに6をたす

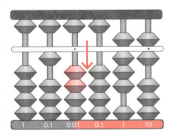

たしたら問題の2をはらう

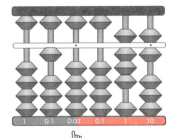

次に1×4、1×3の順番でかけ算する。
1のとなりを人さし指でおさえる。

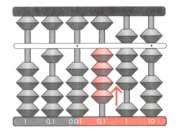

1×4＝4「し」、「じゅう」ということばがつかないので、おさえているところのとなりに4をおく

練習問題

問1	23 × 23 =	問16	24 × 12 =
問2	31 × 23 =	問17	53 × 11 =
問3	44 × 21 =	問18	11 × 58 =
問4	55 × 11 =	問19	21 × 12 =
問5	12 × 43 =	問20	13 × 42 =
問6	24 × 22 =	問21	33 × 11 =
問7	19 × 11 =	問22	21 × 34 =
問8	11 × 99 =	問23	11 × 17 =
問9	11 × 18 =	問24	62 × 11 =
問10	42 × 22 =	問25	32 × 32 =
問11	33 × 12 =	問26	11 × 16 =
問12	14 × 21 =	問27	13 × 32 =
問13	81 × 11 =	問28	11 × 61 =
問14	42 × 21 =	問29	31 × 13 =
問15	11 × 74 =	問30	15 × 11 =

伝票問題 .27 ― /97

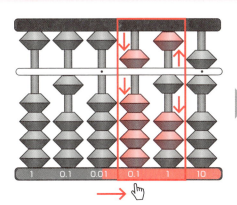

となりを人さし指でおさえる
1×3=3「さん」、
「じゅう」ということばがつかないので、
おさえているところのとなりに3をたす

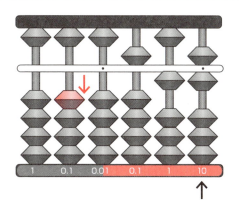

たしたら問題の1を払い、
赤いシールの10まで読む。
答え「516」

PART 4　7級かけ算（2桁×2桁）

27　最初から一の位を指でおさえる

0のとなりは指おさえをスキップする

0に数字をかけたとき、答えは0になることを理解しましょう。二桁×二桁の計算で、かけられる数の一の位に0がつく場合は、0のとなりを指でおさえず計算を進めることができます。最初から十の位のとなりを指でおさえます。

チャレンジ！やってみよう

1 20×73の計算

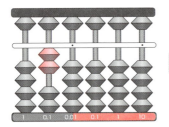

赤と黒のまんなかに20をおく

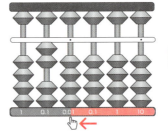

最初に0×7、0×3の順番でかけ算するが、かけられる数が0の場合、最初から2のとなりを指でおさえる

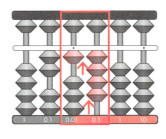

2×7、2×3の順番でかけ算する。2×7=14「じゅうし」、「じゅう」ということばがつくので、おさえているところに14をたす

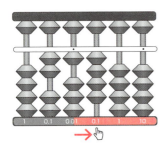

たしたらとなりを人さし指でおさえる

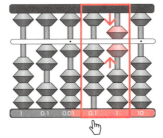

2×3=6「ろく」、「じゅう」ということばがつかないので、おさえているところのとなりに6をたす

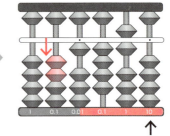

たしたら問題の2を払い、赤いシールの10まで読む。
答え「1,460」

72

練習問題

問1	80 × 41 =		問26	71 × 67 =
問2	40 × 92 =		問27	48 × 39 =
問3	50 × 74 =		問28	94 × 18 =
問4	50 × 87 =		問29	69 × 45 =
問5	60 × 95 =		問30	39 × 52 =
問6	30 × 58 =		問31	46 × 91 =
問7	20 × 56 =		問32	80 × 76 =
問8	40 × 67 =		問33	59 × 76 =
問9	20 × 49 =		問34	67 × 83 =
問10	20 × 73 =		問35	80 × 54 =
問11	14 × 20 =		問36	57 × 43 =
問12	67 × 30 =		問37	76 × 32 =
問13	36 × 20 =		問38	89 × 97 =
問14	49 × 70 =		問39	21 × 73 =
問15	41 × 30 =		問40	58 × 53 =
問16	85 × 60 =		問41	74 × 60 =
問17	19 × 90 =		問42	95 × 23 =
問18	34 × 50 =		問43	81 × 72 =
問19	96 × 80 =		問44	69 × 34 =
問20	25 × 40 =		問45	80 × 95 =
問21	40 × 49 =		問46	35 × 40 =
問22	70 × 82 =		問47	13 × 85 =
問23	86 × 60 =		問48	38 × 92 =
問24	35 × 50 =		問49	89 × 28 =
問25	86 × 20 =		問50	60 × 41 =

伝票問題.28 ─ 1,748

PART 4　7級のわり算

28 ひく場所に注意して計算する

7級レベルのわり算をマスターする

7級のわり算はわる数が一桁、答えが三桁になる計算ですが、やり方は8級のわり算と変わりません。「じゅう」がつくとき、つかないときのひく場所に注意して、答えは黒いシールの1のところを読むようにします。

チャレンジ！やってみよう

1　6,525÷9の計算

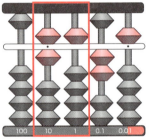

赤と黒のまんなかに6,525をおき、おいた問題の数字の一番左を指でおさえる。おさえている「6」のなかに9がないときは、「ない」といって指を右に1つ動かし、おさえているところから「65」と読む。

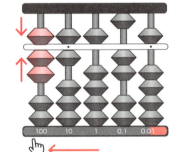

65のなかに9があるときは、あるときは「あ～る」といって指を左に2つ動かし、7をおく

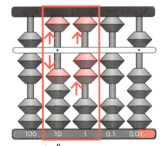

となりに指を動かし7であっているかどうか、そろばんから読む。
7×9＝63
あっていたら、おさえているところから63をひく

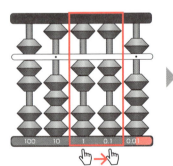

残っている問題の左を指でおさえる。おさえている「2」のなかに9がないときは、「ない」といって指を右に1つ動かし、おさえているところから「22」と読む。

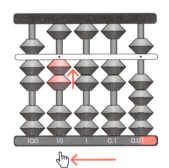

22のなかに9があるときは、「あ～る」といって指を左に2つ動かし、2をおく

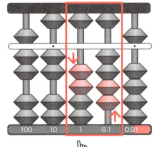

となりに指を動かし2であっているかどうか、そろばんから読む。
2×9＝18 あっていたらおさえているところか18をひく

練習問題

問1	1,216 ÷ 4 =	問16	1,032 ÷ 8 =
問2	4,864 ÷ 8 =	問17	2,475 ÷ 9 =
問3	966 ÷ 2 =	問18	2,601 ÷ 3 =
問4	8,424 ÷ 9 =	問19	2,628 ÷ 6 =
問5	6,831 ÷ 9 =	問20	4,780 ÷ 5 =
問6	5,705 ÷ 7 =	問21	2,292 ÷ 4 =
問7	426 ÷ 3 =	問22	1,860 ÷ 6 =
問8	2,805 ÷ 5 =	問23	1,588 ÷ 2 =
問9	2,376 ÷ 8 =	問24	5,663 ÷ 7 =
問10	1,620 ÷ 6 =	問25	2,405 ÷ 5 =
問11	912 ÷ 3 =	問26	2,412 ÷ 9 =
問12	2,372 ÷ 4 =	問27	1,210 ÷ 2 =
問13	700 ÷ 5 =	問28	3,728 ÷ 4 =
問14	4,767 ÷ 7 =	問29	771 ÷ 3 =
問15	1,404 ÷ 2 =	問30	1,168 ÷ 8 =

伝票問題.29 — 356

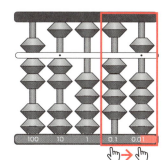

残っている問題の左を指でおさえる。おさえている「4」のなかに9がないときは、「ない」といって指を右に1つ動かし、おさえているところから「45」と読む。

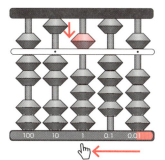

45のなかに9があるときは、「あ〜る」といって
指を左に2つ動かし、5をおく。

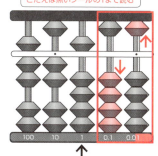

こたえは黒いシールの1まで読む

となりに指を動かし5であっているかどうか、そろばんから読む。
5×9＝45。あっていたら、
おさえているところか45をひく。
答え「725」

75

PART 4　複数桁のかけ算①

29 指のおく位置に注意して計算する

二桁×二桁のかけ算の応用で取り組む

6級のかけ算では、かける数・かけられる数の桁が多くなります。基本的は「二桁×二桁のかけ算」の応用という考え方で取り組めば、決して難しくはありません。かける数に0があったら計算せずに、次の指のおく位置を間違えないよう注意しましょう。

チャレンジ！やってみよう

1 507×82の計算

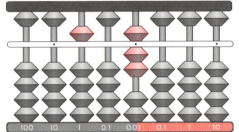

赤と黒のまんなかに507をおき、となりを指でおさえる

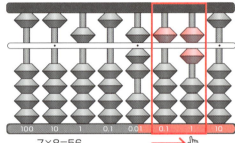

7×8＝56
56をおき、となりをおさえる

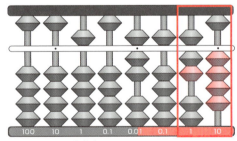

7×2＝14　14をおく

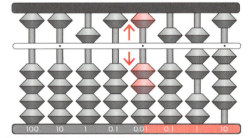

14をおいたら、すぐに7を払う

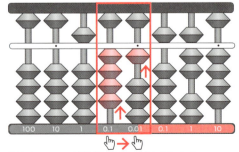

次は0×8、0×2だが答えはどちらも0なので、5のとなりをおさえて5×8＝40、そのとなりをおさえて5×2＝10。それぞれおさえたところに40と10をおく

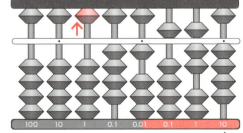

問題の5を払う。
10の数をかけたので、赤いシールの10まで読む。
答え「41,574」

76

練習問題

問1	936 × 49 =	問26	652 × 63 =
問2	684 × 67 =	問27	214 × 83 =
問3	373 × 85 =	問28	904 × 42 =
問4	647 × 96 =	問29	349 × 79 =
問5	705 × 38 =	問30	178 × 75 =
問6	807 × 29 =	問31	781 × 57 =
問7	803 × 94 =	問32	413 × 27 =
問8	814 × 15 =	問33	459 × 32 =
問9	389 × 51 =	問34	241 × 37 =
問10	360 × 17 =	問35	503 × 84 =
問11	230 × 92 =	問36	150 × 16 =
問12	103 × 46 =	問37	502 × 76 =
問13	704 × 43 =	問38	985 × 94 =
問14	257 × 62 =	問39	860 × 93 =
問15	807 × 65 =	問40	602 × 89 =
問16	982 × 96 =	問41	189 × 94 =
問17	598 × 74 =	問42	681 × 81 =
問18	720 × 28 =	問43	207 × 56 =
問19	106 × 91 =	問44	350 × 36 =
問20	507 × 82 =	問45	450 × 73 =
問21	260 × 83 =	問46	173 × 59 =
問22	138 × 59 =	問47	603 × 95 =
問23	506 × 37 =	問48	421 × 97 =
問24	460 × 85 =	問49	784 × 24 =
問25	248 × 39 =	問50	802 × 62 =

伝票問題.30 ― 805

PART 4 複数桁のかけ算②

30 100の数をかけたら赤いシールの100まで読む

かける数の百の位から順番に計算する

かける数が三桁の計算では、かける数の一の位、十の位に対し、かける数の百の位、十の位、一の位を順番にかけていきます。このとき指の位置を間違えないように計算を続け、数をおいたらすぐに問題を払い、答えを求めましょう。

チャレンジ！やってみよう

1 76×495の計算

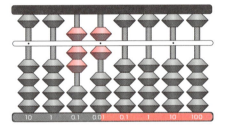

赤と黒のまんなかに76をおき、
6×4、6×9、6×5の順番で計算する

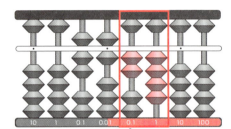

6のとなりをおさえて、
6×4=24。24をおく

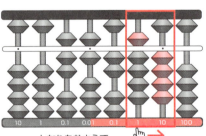

となりをおさえて、
6×9=54。
54をおく

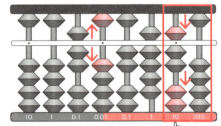

となりをおさえて、6×5=30。
30をおいて、6を払う

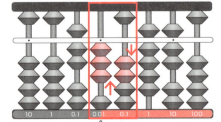

7のとなりをおさえて、
7×4、7×9、7×5の順番で計算。
7×4=28。28をおく

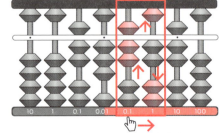

となりをおさえて、7×9=63。63をおく

練習問題

伝票問題.31 — 507

問1	58 × 512 =	問16	32 × 986 =
問2	746 × 83 =	問17	59 × 753 =
問3	65 × 624 =	問18	41 × 891 =
問4	87 × 149 =	問19	25 × 378 =
問5	71 × 436 =	問20	49 × 731 =
問6	17 × 543 =	問21	29 × 571 =
問7	42 × 234 =	問22	26 × 582 =
問8	68 × 692 =	問23	67 × 152 =
問9	29 × 534 =	問24	64 × 413 =
問10	51 × 897 =	問25	36 × 794 =
問11	12 × 985 =	問26	68 × 528 =
問12	52 × 341 =	問27	46 × 287 =
問13	78 × 684 =	問28	39 × 243 =
問14	21 × 413 =	問29	47 × 971 =
問15	43 × 253 =	問30	35 × 741 =

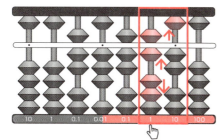

となりをおさえて、7×5=35。
35をおいて7を払う

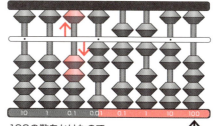

100の数をかけたので、
赤いシールの100まで読む。
答え「37,620」

PART 4　複数桁のかけ算③

31　「×0」は何もたさずに指をとなりにずらす

かける数に0があったらたさずに指をずらす

かける数が三桁の計算でかける数の一の位、十の位に対し、百の位、十の位、一の位を順番にかけていくときに、0があるときは、数をたさずに指をずらします。かけたときに「じゅう」がつくときと、つかないときのおき方にも注意して計算しましょう。

チャレンジ！やってみよう

1　52×504の計算

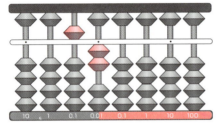

赤と黒のまんなかに52をおき、
2×5、2×0、2×4の順番で計算する

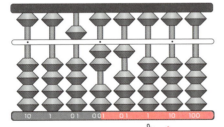

となりをおさえて2×0＝0。
0は何もたさず指をとなりにずらす

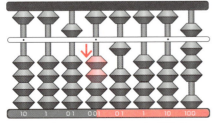

2を払い、次に5×5、2×0、5×4の順番で
計算する

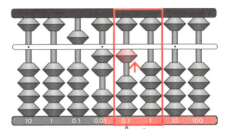

2のとなりをおさえて、
2×5＝10。10をおく

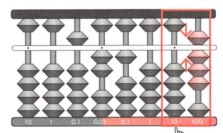

2×4＝8。「じゅう」がないので、
となりに8をおく

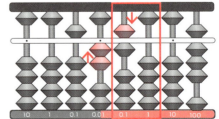

5のとなりをおさえて、
5×5＝25。25をおく。
となりをおさえて2×0＝0。
0は何もたさず指をとなりにずらす

練習問題

問1	28 × 390 =	問16	48 × 806 =
問2	81 × 705 =	問17	62 × 904 =
問3	35 × 209 =	問18	64 × 705 =
問4	17 × 930 =	問19	27 × 160 =
問5	46 × 920 =	問20	52 × 130 =
問6	37 × 960 =	問21	38 × 108 =
問7	81 × 806 =	問22	95 × 430 =
問8	38 × 105 =	問23	83 × 804 =
問9	45 × 710 =	問24	79 × 501 =
問10	96 × 702 =	問25	92 × 670 =
問11	79 × 807 =	問26	82 × 906 =
問12	76 × 906 =	問27	53 × 710 =
問13	54 × 307 =	問28	65 × 802 =
問14	82 × 190 =	問29	15 × 304 =
問15	69 × 650 =	問30	19 × 690 =

伝票問題.32 ― 8,352

 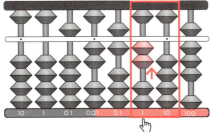

5×4=20。20をおく

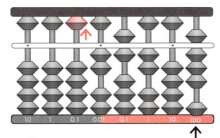

5を払う。
100の数をかけたので、
赤いシールの100まで読む。「26,208」

PART 4　6級のわり算

32 わる数が2桁の問題にチャレンジ

2回読みした数の答えを問題から引く

6級のわり算はわる数が2桁になります。数をおいたときに、わる数で続けてかけ算を行う「2回読み」をします。すばやく2回読みをすることで、計算のスピードアップと暗算力の向上にもつながります。かけた数の答えを問題から引けば解答に近づきます。

チャレンジ！やってみよう

1　78÷39の計算

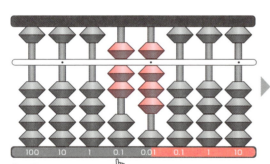

赤と黒のまんなかに
78をおき、問題の1番左をおさえる

7のなかに
3があるとき「あ～る」といって指を2つずらし、2をおく

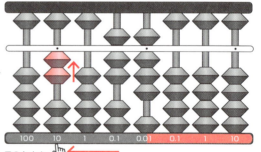

2×3=6、2×9=18を続けて読む（2回読み）。
2×3=6「じゅう」がつかないので、
おさえているところのとなりから6をひき、
すぐにとなりをおさえる

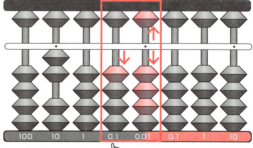

2×9=18。
「じゅう」がつくので
おさえたところから18をひく。
答えは「2」

割る数が2桁のときは、黒いシールの「10」が1の位となる

練習問題

問1	26 ÷ 13 =		問26	657 ÷ 73 =
問2	69 ÷ 23 =		問27	172 ÷ 86 =
問3	48 ÷ 12 =		問28	291 ÷ 97 =
問4	84 ÷ 42 =		問29	520 ÷ 65 =
問5	66 ÷ 22 =		問30	301 ÷ 43 =
問6	93 ÷ 31 =		問31	355 ÷ 71 =
問7	28 ÷ 14 =		問32	108 ÷ 54 =
問8	63 ÷ 21 =		問33	567 ÷ 81 =
問9	77 ÷ 11 =		問34	279 ÷ 93 =
問10	64 ÷ 32 =		問35	488 ÷ 61 =
問11	54 ÷ 27 =		問36	126 ÷ 21 =
問12	92 ÷ 23 =		問37	328 ÷ 82 =
問13	70 ÷ 35 =		問38	279 ÷ 31 =
問14	96 ÷ 48 =		問39	126 ÷ 42 =
問15	78 ÷ 26 =		問40	728 ÷ 91 =
問16	94 ÷ 47 =		問41	180 ÷ 30 =
問17	58 ÷ 29 =		問42	230 ÷ 46 =
問18	76 ÷ 38 =		問43	630 ÷ 70 =
問19	96 ÷ 24 =		問44	260 ÷ 65 =
問20	74 ÷ 37 =		問45	420 ÷ 84 =
問21	138 ÷ 23 =		問46	300 ÷ 60 =
問22	224 ÷ 56 =		問47	570 ÷ 95 =
問23	336 ÷ 42 =		問48	400 ÷ 50 =
問24	175 ÷ 35 =		問49	280 ÷ 40 =
問25	448 ÷ 64 =		問50	340 ÷ 68 =

伝票問題.33 ── 290

PART 4 還元算

33 引けないときは答えを1つ小さくする

ひける数になるまで問題を小さくする

6級のわり算では、わる数・わられる数の桁が多くなるため、計算途中で答えを小さくする「還元算」を使います。引けるように なるまで、2回以上還元することもあります。引けなくなったとき、割る数を戻す位置を間違えないよう計算を進めましょう。

チャレンジ！やってみよう

1 354÷59の計算

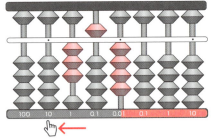

354をおき、問題の1番左をおさえる。3のなかに5は「ない」といって指を1つ右にずらし、35のなかに5は「あ〜る」といって左に2つずらす

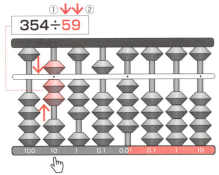

7をおく。7×5=35、7×9=63と続けてかけ算を読む

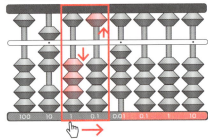

となりをおさえて7×5=35「じゅう」がついたら、おさえているところから35をひき、すぐにとなりをおさえる

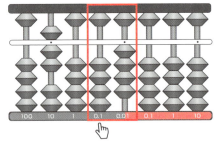

7×9=63。
おさえているところから63がひけないときは、答えの数を小さくする

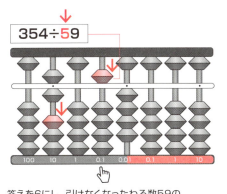

答えを6にし、引けなくなったわる数59の前にある「5」をそろばんに戻す

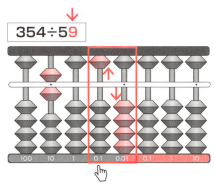

6×9=54。「じゅう」がついたら、おさえているところから54をひく。
答えは「6」

2 168÷28の計算

168をおき、問題の1番左をおさえる。1のなかに2は「ない」といって指を右に1つずらし、16のなかに2は「あ〜る」と左に2つずらす

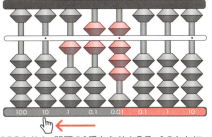

となりをおさえて、8×2=16。「じゅう」がついたら、おさえているところから16をひいてとなりをおさえる

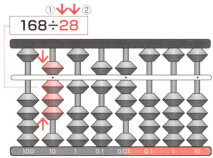

8をおく。8×2=16、8×8=64と続けてかけ算を読む

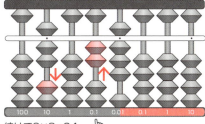

続けて8×8=64。
おさえているところから64がひけないときは、答えを7にして2を戻し、7×8で読み直す

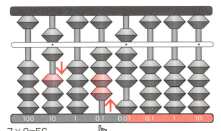

7×8=56。
「じゅう」がつき、おさえているところから56をひけないときは、もう一度答えを1つ小さくして6にし、2を戻す

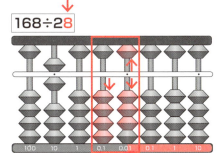

読み直して6×8=48。48をひいて、答えは「6」

練習問題

問1	65 ÷ 13 =		問26	168 ÷ 28 =
問2	259 ÷ 37 =		問27	91 ÷ 13 =
問3	354 ÷ 59 =		問28	145 ÷ 29 =
問4	100 ÷ 25 =		問29	64 ÷ 16 =
問5	544 ÷ 68 =		問30	51 ÷ 17 =
問6	329 ÷ 47 =		問31	182 ÷ 26 =
問7	464 ÷ 58 =		問32	95 ÷ 19 =
問8	56 ÷ 14 =		問33	162 ÷ 27 =
問9	130 ÷ 26 =		問34	60 ÷ 15 =
問10	632 ÷ 79 =		問35	273 ÷ 39 =
問11	483 ÷ 69 =		問36	84 ÷ 14 =
問12	210 ÷ 35 =		問37	140 ÷ 28 =
問13	368 ÷ 46 =		問38	57 ÷ 19 =
問14	72 ÷ 12 =		問39	189 ÷ 27 =
問15	168 ÷ 24 =		問40	72 ÷ 18 =
問16	368 ÷ 46 =		問41	104 ÷ 26 =
問17	192 ÷ 24 =		問42	45 ÷ 15 =
問18	130 ÷ 26 =		問43	288 ÷ 48 =
問19	150 ÷ 25 =		問44	120 ÷ 24 =
問20	65 ÷ 13 =		問45	32 ÷ 16 =
問21	91 ÷ 13 =		問46	406 ÷ 58 =
問22	140 ÷ 28 =		問47	68 ÷ 17 =
問23	189 ÷ 27 =		問48	80 ÷ 16 =
問24	64 ÷ 16 =		問49	54 ÷ 18 =
問25	208 ÷ 26 =		問50	76 ÷ 19 =

PART 4 　九立商と還元算

34 答えに9を立てる特別な問題

伝票問題 p.35 ― 6/5

先頭の数が同じならとなりの数まで比べる

問題のおさえている数とわる数が同じの場合、となりの数まで比べて、わる数が大きいときは「9」をおきます（九立商）。

また答えに9をおいても、途中段階で引けなくなることもあります。その場合は答えを小さくして、還元算を使います。

チャレンジ！やってみよう

1　126÷14の計算

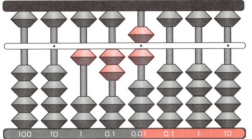

126をおき、問題の1番左をおさえる。
わられる数の先頭とわる数の先頭が同じ場合、となりの数まで比べる

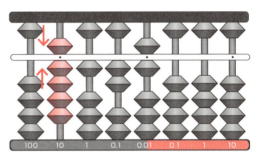

そろばんの12とわる数の14を比べて、
わる数が多いときは、おさえているとなりに9をおく

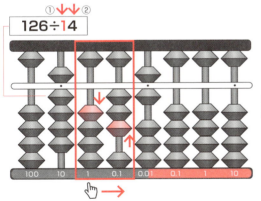

となりをおさえて9×1＝9、9×4＝36と続けてかけ算を読む。
9×1＝9。「じゅう」がつかないので、おさえているところのとなりから9をひいたら、すぐにとなりをおさえる

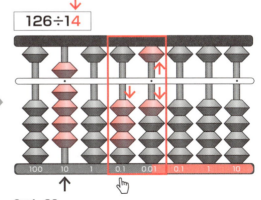

9×4＝36。
「じゅう」がついたら、おさえているところから36をひく。
答えは「9」

87

2 200÷25の計算

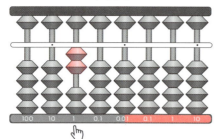

200をおき、問題の1番左をおさえる。わられる数の先頭とわる数の先頭が同じ場合、となりの数まで比べる

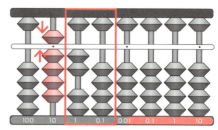

そろばんの20とわる数の25を比べて、わる数が多いときは9をおく

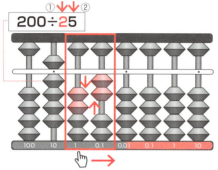

となりをおさえて9×2＝18、9×5＝45と続けてかけ算を読む。9×2＝18。「じゅう」がつくので、おさえているところから18をひいて、となりをおさえる

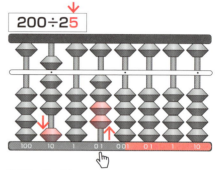

次に9×5＝45。おさえているところから45がひけないときは、答えから1をひいて2を戻し、8×5＝40で読み直す

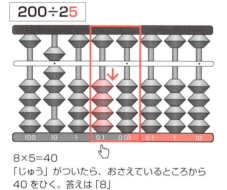

8×5＝40
「じゅう」がついたら、おさえているところから40をひく。答えは「8」

数がひけないときは、答えを小さくして還元算をする

練習問題

問1	84 ÷ 21 =		問26	483 ÷ 69 =
問2	56 ÷ 28 =		問27	182 ÷ 26 =
問3	106 ÷ 53 =		問28	301 ÷ 43 =
問4	117 ÷ 39 =		問29	464 ÷ 58 =
問5	124 ÷ 31 =		問30	126 ÷ 18 =
問6	74 ÷ 37 =		問31	603 ÷ 67 =
問7	639 ÷ 71 =		問32	91 ÷ 13 =
問8	82 ÷ 41 =		問33	728 ÷ 91 =
問9	296 ÷ 74 =		問34	801 ÷ 89 =
問10	600 ÷ 75 =		問35	105 ÷ 15 =
問11	150 ÷ 50 =		問36	315 ÷ 35 =
問12	460 ÷ 92 =		問37	320 ÷ 40 =
問13	75 ÷ 25 =		問38	312 ÷ 39 =
問14	200 ÷ 40 =		問39	57 ÷ 19 =
問15	39 ÷ 13 =		問40	368 ÷ 92 =
問16	205 ÷ 41 =		問41	612 ÷ 68 =
問17	348 ÷ 58 =		問42	333 ÷ 37 =
問18	560 ÷ 80 =		問43	531 ÷ 59 =
問19	98 ÷ 49 =		問44	423 ÷ 47 =
問20	130 ÷ 65 =		問45	711 ÷ 79 =
問21	48 ÷ 24 =		問46	117 ÷ 13 =
問22	168 ÷ 24 =		問47	243 ÷ 27 =
問23	140 ÷ 28 =		問48	152 ÷ 19 =
問24	203 ÷ 29 =		問49	216 ÷ 27 =
問25	74 ÷ 37 =		問50	136 ÷ 17 =

伝票問題 .36 ―― 920

PART 4　答えが2桁になる問題

問題が残ったら1番左の数をおさえて計算を続ける

わる数に0がつくときは何もひかない

わられる数の桁を増やして、千の位の数を2桁の数でわり算します。問題の1番左をおさえたら、あとは「ない」「あ～る」の指の移動に注意します。わる数に0がつくときは、数はひきませんが、問題が残っていたら1番左をおさえてわり算を続けます。

チャレンジ！やってみよう

1　1,260÷21の計算

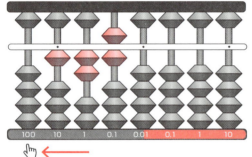

1,260をおき、問題の1番左をおさえる。1のなかに2は「ない」といって指を右に1つずらし、12のなかに2は「あ～る」と左に2つずらす

6をおく。6×2=12、6×1=6と続けてかけ算を読む

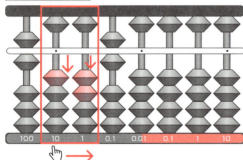

となりをおさえて6×2=12
「じゅう」がついたので、
おさえているところから12をひいて、
となりをおさえる

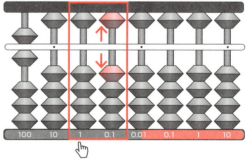

次に6×1=6。
「じゅう」がつかないので、おさえているとなりから6をひく。
わる数が21。10の数でわったから黒いシールの10まで答えを読む。答えは「60」

90

練習問題

問1	4,850 ÷ 50 =	問6	1,302 ÷ 21 =
問2	3,710 ÷ 70 =	問7	2,320 ÷ 58 =
問3	840 ÷ 20 =	問8	680 ÷ 34 =
問4	5,920 ÷ 80 =	問9	3,450 ÷ 69 =
問5	8,280 ÷ 90 =	問10	5,740 ÷ 82 =

2 4,750÷50の計算

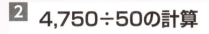

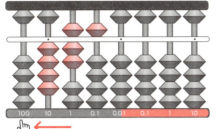

4,750をおき、問題の1番左をおさえる。4のなかに5は「ない」といって指を右に1つずらし、47のなかに5は「あ〜る」と左に2つずらす

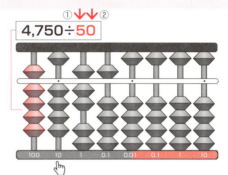

9をおく。となりをおさえて9×5=45、9×0=0と続けてかけ算を読む

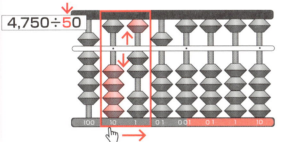

9×5=45「じゅう」がついたら、おさえているところから45をひき、となりをおさえる

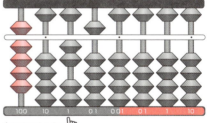

次に9×0=0。
0はなにもひかない。
残っている25の1番左をおさえる

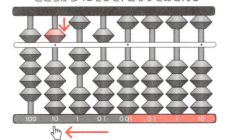

2のなかに5は「ない」。
25のなかに5は「あ〜る」と左に2つずらし、5をおく

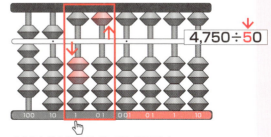

となりをおさえて、5×5=25。25をひき、5×0=0。0はなにもひかない。わる数が50。10の数でわったから黒いシールの10まで答えを読む。答えは「95」

PART 4　答えが2桁の問題

36 すばやく2回読みして引く位置を正しく

正確な指おさえで引き算の位置取りをする

わる数が2桁になる計算は、二回読みをすばやく行い、引く位置を間違えないよう計算を進めます。ここをクリアできれば6級のスキルを身につけたことになります。残っている数があれば、1番左の数を指でおさえて、計算を続けましょう。

チャレンジ！やってみよう

1 288÷12の計算

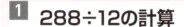

288をおき、問題の1番左をおさえる。
2のなかに1は「あ〜る」といって左に2つずらす

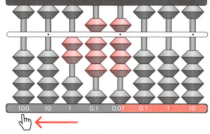

2×1=2「じゅう」がつかないので、
おさえているとなりから2をひいて、となりをおさえる

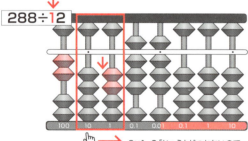

残っている48の1番左をおさえ、
4のなかに1は「あ〜る」と左に2つずらして4をおき、
となりをおさえる

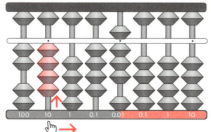

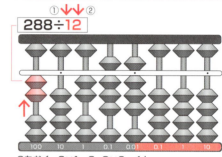

2をおく。2×1=2、2×2=4と
続けてかけ算を読む

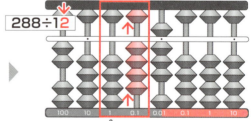

次に2×2=4。
おさえているところのとなりから4をひく

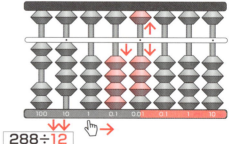

4×1=4、4×2=8と続けてかけ算を読む。
4×1=4。「じゅう」がつかないので、おさえているとなりから
4をひいてとなりをおさえる。
次に4×2=8。おさえているとなりから8をひく。答えは「24」

92

練習問題

問1	3,551 ÷ 67 =	問6	5,538 ÷ 71 =
問2	987 ÷ 21 =	問7	731 ÷ 43 =
問3	6,076 ÷ 98 =	問8	3,380 ÷ 52 =
問4	3,816 ÷ 53 =	問9	4,717 ÷ 89 =
問5	1,152 ÷ 32 =	問10	1,564 ÷ 46 =

伝票問題 P.38 — 7,298

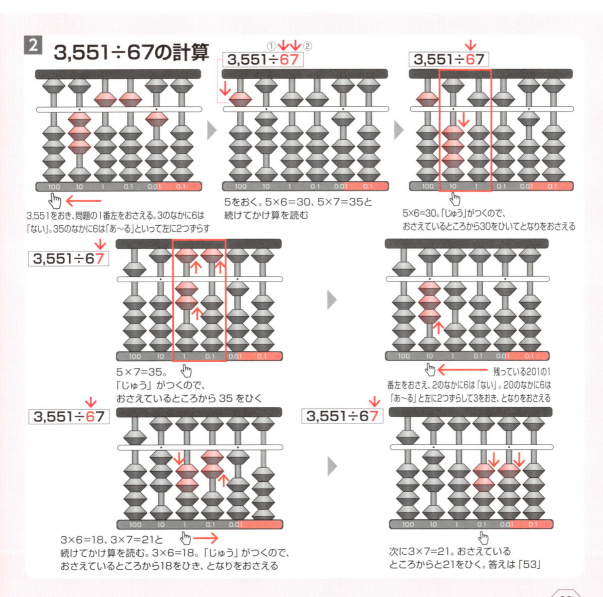

PART 4 答えが2桁になる還元算と間違えやすい問題

37 1つひとつの指おさえを正確にして問題をクリアする

繰り返しの練習でスキルを身につける

前ページで6級レベルのわり算は、ある程度マスターしているはずですが、なかには難しい問題もあります。おさえる指の位置を確認しながら、必要に応じて還元算を使いましょう。繰り返し練習することで、正しい指おさえが身につき、複雑な問題もクリアできます。

チャレンジ！やってみよう

1 2,491÷47の計算

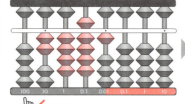

2,491をおき、問題の1番左をおさえる。2のなかに4は「ない」。24のなかに4は「あ～る」といって左に2つずらす

6をおく。
6×4=24、6×7=42と続けてかけ算を読む

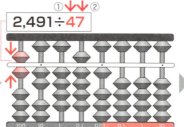

となりをおさえて6×4=24。「じゅう」がつくので、おさえているところから24をひき、となりをおさえる

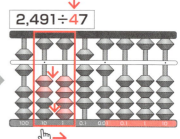

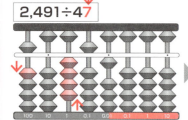

次に6×7=42。「じゅう」がつくので、おさえているところから42をひく。ひけないので答えを1つ小さくして4をおく

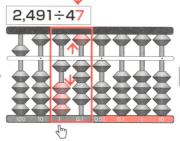

読みなおして5×7=35。35をひく

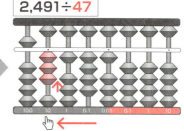

残っている141の左をおさえて、1のなかに4は「ない」。14のなかに4は「あ～る」といって左に2つずらして3をおく。
3×4=12、3×7=21と続けてかけ算を読む

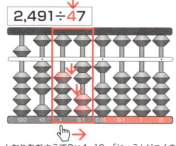

となりをおさえて3×4=12。「じゅう」がつくので、おさえているところから12をひき、となりをおさえる

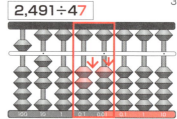

次に3×7=21。おさえているところからと21をひく。
答えは「53」

94

練習問題

問1	609 ÷ 21 =	問6	4,536 ÷ 54 =
問2	476 ÷ 14 =	問7	3,525 ÷ 75 =
問3	1,173 ÷ 69 =	問8	621 ÷ 27 =
問4	3,504 ÷ 73 =	問9	5,628 ÷ 84 =
問5	5,607 ÷ 89 =	問10	810 ÷ 45 =

伝票問題 .39 ─ 4,682

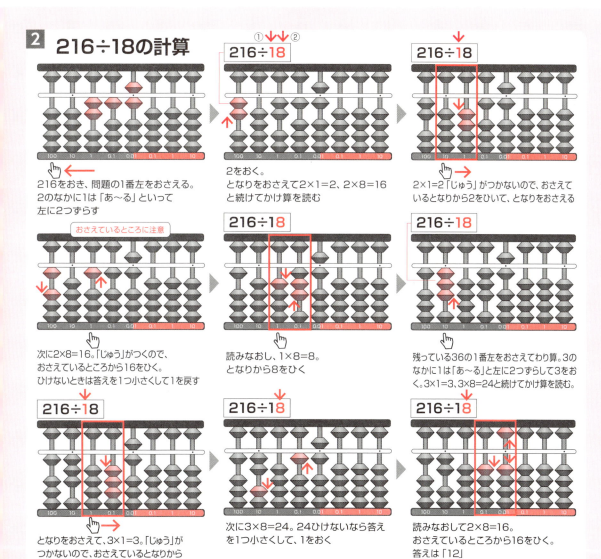

95

PART 4

復習100問チャレンジ！

問1	34×5=	問26	23×27=
問2	31×9=	問27	42×81=
問3	43×9=	問28	24×54=
問4	65×9=	問29	35×17=
問5	52×2=	問30	87×54=
問6	16×3=	問31	75×17=
問7	21×2=	問32	67×51=
問8	26×2=	問33	59×78=
問9	94×8=	問34	75×28=
問10	93×9=	問35	70×45=
問11	602×4=	問36	586×24=
問12	421×8=	問37	30×523=
問13	867×3=	問38	345×89=
問14	595×8=	問39	59×785=
問15	518×5=	問40	169×53=
問16	269×2=	問41	80×237=
問17	706×8=	問42	316×29=
問18	486×3=	問43	85×740=
問19	878×9=	問44	902×98=
問20	761×4=	問45	12×326=
問21	34×24=	問46	985×40=
問22	94×82=	問47	65×541=
問23	18×37=	問48	891×37=
問24	90×47=	問49	18×396=
問25	85×12=	問50	174×29=

問1	$240 \div 4 =$	問26	$1,552 \div 97 =$
問2	$238 \div 7 =$	問27	$4,624 \div 68 =$
問3	$144 \div 9 =$	問28	$696 \div 58 =$
問4	$95 \div 5 =$	問29	$2,522 \div 26 =$
問5	$216 \div 3 =$	問30	$700 \div 50 =$
問6	$72 \div 4 =$	問31	$2,280 \div 76 =$
問7	$300 \div 6 =$	問32	$437 \div 23 =$
問8	$42 \div 2 =$	問33	$1,450 \div 50 =$
問9	$288 \div 9 =$	問34	$4,108 \div 79 =$
問10	$316 \div 4 =$	問35	$1,375 \div 55 =$
問11	$1,071 \div 7 =$	問36	$34,398 \div 54 =$
問12	$2,052 \div 3 =$	問37	$29,013 \div 509 =$
問13	$3,744 \div 6 =$	問38	$44,096 \div 64 =$
問14	$4,164 \div 6 =$	問39	$42,028 \div 553 =$
問15	$2,190 \div 3 =$	問40	$7,830 \div 18 =$
問16	$3945 \div 5 =$	問41	$54,630 \div 607 =$
問17	$4,395 \div 5 =$	問42	$23,760 \div 55 =$
問18	$2,430 \div 5 =$	問43	$42,432 \div 663 =$
問19	$3,736 \div 8 =$	問44	$14,784 \div 48 =$
問20	$3,480 \div 6 =$	問45	$20,328 \div 242 =$
問21	$4,187 \div 53 =$	問46	$22,545 \div 45 =$
問22	$5,776 \div 76 =$	問47	$29,512 \div 476 =$
問23	$736 \div 16 =$	問48	$45,080 \div 46 =$
問24	$1,581 \div 51 =$	問49	$8,664 \div 456 =$
問25	$4,824 \div 72 =$	問50	$55,647 \div 81 =$

数字パズル

4×4のマスの中に1～4の数字を入れます。縦のマスと横のマスには、同じ数字をいれることはできません。太い四角（2×2のマス）の中にも同じ数字は入りません。空いているマスに数字を入れてみましょう。

	2		1
1	3		4
2			
	1	4	2

答え

2	4	1	5
5			
4	3	1	
1	2		

→

2	4	1	3
5	3	1	4
4	5	1	3
1	3	4	2

PART5

そろばんの応用

PART 5　暗算

そろばんの珠を頭に浮かべて暗算する

日常で使う桁まで暗算をスキルアップする

「暗算」はそろばんの珠を頭のなかに浮かべて計算する方法です。6級レベルでは、二桁と一桁の問題ですが、ここでは簡単な見取り算（足し算、引き算）にチャレンジ。最終的には日常で使われるような「四桁÷二桁」を目標に解いてみましょう！

チャレンジ！やってみよう

1 15＋54の暗算イメージ

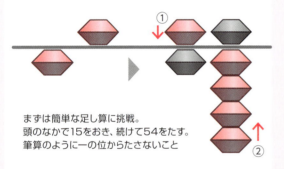

まずは簡単な足し算に挑戦。
頭のなかで15をおき、続けて54をたす。
筆算のように一の位からたさないこと

2 25-16の暗算イメージ

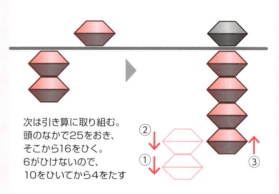

次は引き算に取り組む。
頭のなかで25をおき、そこから16をひく。
6がひけないので、10をひいてから4をたす

3 32×4の暗算イメージ

答えは最大で3桁になるので、そろばんの3桁目（100の位）から計算をスタートするイメージで、頭に桁を浮かべる。

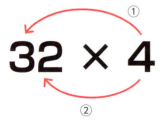

32×4の場合
1桁から大きい位にかけ算をする。
4×3＝12、次に一桁ずれて4×8＝をたす。

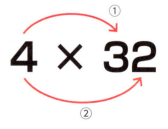

4×32の場合も同様に、
一桁から大きい位にかけ算をする。

チャレンジ！やってみよう

4 暗算練習

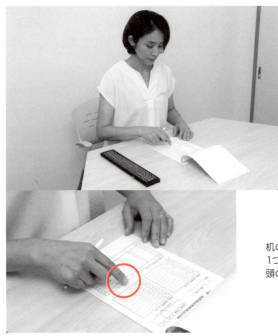

ある程度、あたまで珠がイメージできるようになったら、暗算問題にチャレンジ。机にドリルをおいて問題を解いていく。解答はすばやく用紙に記入し、次の問題に進む。

机の上でそろばんを動かすときと同じように指を動かす。
1つひとつの珠をイメージして暗算する。
頭の中は数字ではなく、珠の形をどう浮かべるかがポイント

チャレンジ！やってみよう

5 イメージトレーニング〜本紙カバー折りの図形を目に焼きつける

黄と青のカラーで描かれた図形カードを目の前に近づけて凝視する。最初にシンプルな図形からチャレンジ。カードをじっと見続けることで、図形まわりがぼんやりしてきたら、白い壁をすばやく見る。図形の残像が壁に黄色く見えるはずだ。

続けてそろばんを模した図形のカードに挑戦してみよう。一点を集中することで、複雑な図形でもイメージできるようになり、たまの「29,537」という数が読めるようになる。
逆に数字を頭で思い描いたとき、すばやくたまに置き換えることができれば、暗算のスキルアップにつながる。

◀実物はカバーそでの折りを参照

PART 5

暗算問題

問 1	問 2	問 3	問 4	問 5
34	13	24	42	43
55	45	31	52	22

問 6	問 7	問 8	問 9	問 10
41	34	42	24	82
83	75	82	95	91

問 11	問 12	問 13	問 14	問 15
95	18	59	43	90
10	50	37	50	63
32	92	20	75	42

問 16	問 17	問 18	問 19	問 20
65	92	18	67	35
23	40	76	80	70
19	71	20	51	94
80	85	59	49	18

問 21	問 22	問 23	問 24	問 25
74	31	65	69	89
87	94	27	86	60
95	68	40	45	45
26	73	18	38	27
31	59	79	17	93
80	20	32	20	14

問 26	問 27	問 28	問 29	問 30
684	180	869	824	619
952	231	314	653	407

問 31	問 32	問 33	問 34	問 35
317	675	653	725	156
940	102	847	138	397
782	498	129	406	428

問 1	$69 \times 9 =$	問 16	$72 \div 2 =$
問 2	$6 \times 90 =$	問 17	$420 \div 7 =$
問 3	$12 \times 5 =$	問 18	$212 \div 4 =$
問 4	$2 \times 24 =$	問 19	$476 \div 7 =$
問 5	$71 \times 6 =$	問 20	$184 \div 2 =$
問 6	$7 \times 95 =$	問 21	$93 \div 3 =$
問 7	$70 \times 2 =$	問 22	$200 \div 5 =$
問 8	$7 \times 16 =$	問 23	$490 \div 5 =$
問 9	$37 \times 3 =$	問 24	$666 \div 9 =$
問 10	$2 \times 62 =$	問 25	$736 \div 8 =$
問 11	$52 \times 8 =$	問 26	$24 \div 2 =$
問 12	$3 \times 30 =$	問 27	$560 \div 7 =$
問 13	$18 \times 2 =$	問 28	$486 \div 6 =$
問 14	$5 \times 56 =$	問 29	$78 \div 3 =$
問 15	$31 \times 4 =$	問 30	$602 \div 7 =$

PART 5　伝票算

39 左手でページをめくり 右手で珠を動かす

脳トレとして伝票算に取り組む

そろばんは、商いやお金の計算に用いられてきた道具であり、「伝票算」はその名残り。教室で伝票算は、3級レベルで学ぶスキル。右手と左手を同時に使い計算するので、脳トレにも最適です。本書の右ページ上には伝票算問題があるので、チャレンジしてみましょう。

チャレンジ！やってみよう

1 伝票算

フォルダーにセットした伝票とそろばんを机の上にセット。左手は机の上に乗せて、手の小指側の面も机面に乗せた状態で動かさない

伝票は親指でめくり、めくり終わった伝票は人差し指と中指ではさむ。目印の「しおり」前のページまで計算したら答えを記入する

+1 アドバイス！

数字を読みとったらすばやくめくる

伝票を複数枚めくったり、飛ばしたりしないよう正確に、小さな動作でめくります。そろばんと伝票の位置も重要。正しい姿勢で取り組みましょう。めくるスピードが速すぎてもミスにつながります。一定のテンポを意識しましょう。

そろばんと伝票の位置が離れすぎてもNG

チャレンジ！やってみよう

2 伝票算トレーニング

本書では簡易的な「伝票算」ができる体裁となっている。右上にある伝票算問題は①からの通し番号となり、例えば①から⑩、②から⑪、③から⑫というようにページをめくりながら計算することで伝票算のトレーニングができる。

伝票算問題

 各伝票 No. の数を足し算して答えを記入しよう

伝票 No.	解答欄	伝票 No.	解答欄
1〜10		17〜26	
2〜11		18〜27	
3〜12		19〜28	
4〜13		20〜29	
5〜14		21〜30	
6〜15		22〜31	
7〜16		23〜32	
8〜17		24〜33	
9〜18		25〜34	
10〜19		26〜35	
11〜20		27〜36	
12〜21		28〜37	
13〜22		29〜38	
14〜23		30〜39	
15〜24		31〜40	
16〜25		例. 1〜10の伝票算を行う場合、No.11にフセンなどをつけて目印し、No.10までたしたら答えを記入する	

解答ページ

PART1

P19練習問題
問1：4　問2：0　問3：0　問4：2　問5：0
問6：1　問7：7　問8：4　問9：9　問10：3
問11：8　問12：1　問13：1　問14：0　問15：4
問16：5　問17：3　問18：2　問19：3　問20：1

P21練習問題
問1：0　問2：0　問3：0　問4：5　問5：5
問6：3　問7：5　問8：2　問9：4　問10：5
問11：1　問12：7　問13：6　問14：9　問15：9
問16：1　問17：4　問18：9　問19：2　問20：0
問21：0　問22：4　問23：9　問24：2　問25：0

P23練習問題
問1：6　問2：5　問3：6　問4：8　問5：5
問6：5　問7：6　問8：7　問9：7　問10：5
問11：6　問12：9　問13：8　問14：9　問15：7
問16：9　問17：9　問18：8　問19：8　問20：7
問21：8　問22：9　問23：6　問24：9　問25：8

P25練習問題
問1：1　問2：3　問3：4　問4：2　問5：2
問6：4　問7：3　問8：4　問9：4　問10：3
問11：6　問12：3　問13：3　問14：4　問15：3
問16：8　問17：6　問18：3　問19：0　問20：4
問21：8　問22：6　問23：7　問24：5　問25：1

P26　復習50問チャレンジ！
問1：4　問2：4　問3：1　問4：4　問5：4
問6：5　問7：8　問8：6　問9：5　問10：6
問11：1　問12：1　問13：4　問14：4　問15：3
問16：3　問17：7　問18：8　問19：7　問20：9
問21：8　問22：3　問23：0　問24：9　問25：4
問26：3　問27：9　問28：7　問29：9　問30：8
問31：7　問32：3　問33：3　問34：3　問35：6
問36：3　問37：4　問38：4　問39：6　問40：9
問41：8　問42：3　問43：4　問44：3　問45：3
問46：7　問47：9　問48：7　問49：1　問50：2

PART2

P33練習問題
問1：15　問2：16　問3：20　問4：14　問5：22
問6：8　問7：6　問8：5　問9：4　問10：2
問11：5　問12：24　問13：28　問14：5
問15：12　問16：24　問17：8　問18：15
問19：24　問20：2

P35練習問題
問1：14　問2：20　問3：13　問4：15　問5：14
問6：8　問7：9　問8：6　問9：5　問10：7
問11：6　問12：15　問13：13　問14：14
問15：6　問16：17　問17：14　問18：17
問19：8　問20：5　問21：25　問22：14

問23：15　問24：15　問25：23

P37練習問題
問1：14　問2：12　問3：13　問4：13　問5：14
問6：5　問7：10　問8：5　問9：6　問10：15
問11：14　問12：15　問13：22　問14：12
問15：25　問16：5　問17：13　問18：22
問19：12　問20：27　問21：23　問22：14
問23：22　問24：14　問25：26

P39練習問題
問1：15　問2：14　問3：17　問4：6　問5：6
問6：10　問7：20　問8：16　問9：12　問10：21
問11：24　問12：10　問13：15　問14：10
問15：26　問16：10　問17：16　問18：22
問19：13　問20：7　問21：11　問22：16
問23：0　問24：5　問25：13

P41練習問題
問1：51　問2：50　問3：50　問4：52　問5：56
問6：47　問7：48　問8：49　問9：44　問10：46
問11：51　問12：50　問13：50　問14：45
問15：49　問16：49　問17：44　問18：49
問19：49　問20：48　問21：43　問22：55
問23：74　問24：45　問25：49　問26：61
問27：46　問28：31　問29：42　問30：40

P43練習問題
問1：103　問2：101　問3：104　問4：104
問5：102　問6：112　問7：103　問8：98
問9：91　問10：89　問11：97　問12：99
問13：96　問14：99　問15：95　問16：171
問17：104　問18：97　問19：113　問20：98
問21：137　問22：93　問23：101　問24：115
問25：25　問26：183　問27：188　問28：167
問29：102　問30：171

P44　復習50問チャレンジ！
問1：0　問2：10　問3：28　問4：10　問5：11
問6：14　問7：9　問8：9　問9：11　問10：16
問11：11　問12：10　問13：6　問14：15
問15：17　問16：10　問17：6　問18：22
問19：16　問20：6　問21：36　問22：52
問23：42　問24：33　問25：45　問26：151
問27：105　問28：134　問29：203　問30：30
問31：219　問32：218　問33：105　問34：218
問35：83　問36：248　問37：107　問38：198
問39：157　問40：95　問41：135　問42：120
問43：67　問44：188　問45：161　問46：252
問47：232　問48：288　問49：211　問50：180

PART3

P53練習問題
問1：48　問2：28　問3：69　問4：63　問5：88

問6：96　問7：82　問8：84　問9：93　問10：46
問11：80　問12：60　問13：24　問14：66
問15：20　問16：66　問17：80　問18：41
問19：33　問20：44　問21：62　問22：26
問23：90　問24：138　問25：14　問26：36
問27：44　問28：64　問29：42　問30：42
問31：76　問32：81　問33：72　問34：105
問35：117　問36：117　問37：240　問38：130
問39：60　問40：630　問41：240　問42：246
問43：357　問44：144　問45：100　問46：74
問47：75　問48：108　問49：104　問50：108

P55練習問題
問1：23　問2：12　問3：12　問4：43　問5：21
問6：34　問7：23　問8：13　問9：11　問10：31
問11：32　問12：22　問13：32　問14：20
問15：20　問16：10　問17：10　問18：10

P57練習問題
問1：72　問2：83　問3：68　問4：57　問5：21
問6：25　問7：96　問8：64　問9：56　問10：22
問11：17　問12：28　問13：16　問14：19
問15：37　問16：15　問17：29　問18：18
問19：35　問20：18

P58　復習80問チャレンジ！
問問1：136　問2：144　問3：192　問4：148
問5：175　問6：171　問7：294　問8：776
問9：178　問10：265　問11：44　問12：62
問13：26　問14：90　問15：138　問16：14
問17：36　問18：44　問19：64　問20：42
問21：42　問22：630　問23：240　問24：246
問25：357　問26：144　問27：100　問28：74
問29：75　問30：108　問31：104　問32：240
問33：246　問34：357　問35：144　問36：100
問37：74　問38：75　問39：108　問40：104
問41：23　問42：12　問43：37　問44：14
問45：29　問46：15　問47：20　問48：39
問49：16　問50：13　問51：83　問52：61
問53：32　問54：54　問55：41　問56：92
問57：64　問58：67　問59：31　問60：51
問61：93　問62：90　問63：24　問64：83
問65：61　問66：24　問67：59　問68：70
問69：27　問70：30　問71：91　問72：75
問73：93　問74：91　問75：71　問76：65
問77：61　問78：93　問79：23　問80：91

PART4
P63練習問題
問1：1,437　問2：1,810　問3：1,000
問4：3,762　問5：1,750　問6：3,520
問7：3,222　問8：5,898　問9：2,764
問10：1,612　問11：780　問12：3,784
問13：774　問14：1,206　問15：1,351

問16：4,518　問17：4,375　問18：1,316
問19：2,574　問20：5,608　問21：4,858
問22：4,010　問23：916　問24：1,360
問25：4,470　問26：1,156　問27：2,805
問28：408　問29：8,127　問30：654
問31：4,914　問32：1,455　問33：1,176
問34：2,604　問35：1,095　問36：3,582
問37：2,418　問38：2,120　問39：528
問40：5,838　問41：2,850　問42：2,574
問43：8,127　問44：1,581　問45：5,733
問46：604　問47：1,386　問48：2,560
問49：3,805　問50：2,786

P65練習問題
問1：156　問2：172　問3：595　問4：185
問5：455　問6：177　問7：552　問8：584
問9：216　問10：228　問11：570　問12：130
問13：760　問14：300　問15：120　問16：324
問17：200　問18：657　問19：329　問20：180
問21：528　問22：448　問23：415　問24：396
問25：380　問26：354　問27：472　問28：204
問29：581　問30：333　問31：216　問32：294
問33：228　問34：152　問35：322　問36：445
問37：376　問38：256　問39：222　問40：585
問41：174　問42：252　問43：294　問44：340
問45：130　問46：344　問47：352　問48：195
問49：444　問50：304

P67練習問題
問1：88　問2：84　問3：39　問4：42　問5：66
問6：82　問7：84　問8：48　問9：96　問10：48
問11：68　問12：98　問13：112　問14：92
問15：90　問16：92　問17：72　問18：81
問19：102　問20：88　問21：78　問22：28
問23：36　問24：70　問25：46　問26：99
問27：84　問28：410　問29：66　問30：80
問31：60　問32：504　問33：68　問34：96
問35：448　問36：480　問37：99　問38：372
問39：72　問40：70　問41：267　問42：395
問43：348　問44：306　問45：54　問46：114
問47：95　問48：75　問49：80　問50：147

P69練習問題
問1：3,060　問2：7,812　問3：1,836
問4：2,886　問5：1,817　問6：4,366
問7：1,938　問8：6,970　問9：3,570
問10：2,208　問11：2,175　問12：1,760
問13：2,535　問14：3,984　問15：4,278
問16：2,544　問17：2,208　問18：6,512
問19：4,212　問20：3,040　問21：4,592
問22：2,904　問23：4,214　問24：2,175
問25：2,812　問26：2,240　問27：8,091
問28：1,725　問29：1,794　問30：2,475

解答ページ

P71練習問題

問1：529　問2：713　問3：924　問4：605
問5：516　問6：528　問7：209　問8：1,089
問9：198　問10：924　問11：396　問12：294
問13：891　問14：882　問15：814　問16：288
問17：583　問18：638　問19：252　問20：546
問21：363　問22：714　問23：187　問24：682
問25：1,024　問26：176　問27：416
問28：671　問29：403　問30：165

P73練習問題

問1：3,280　問2：3,680　問3：3,700
問4：4,350　問5：5,700　問6：1,740
問7：1,120　問8：2,680　問9：980
問10：1,460　問11：280　問12：2,010
問13：720　問14：3,430　問15：1,230
問16：5,100　問17：1,710　問18：1,700
問19：7,680　問20：1,000　問21：1,960
問22：5,740　問23：5,160　問24：1,750
問25：1,720　問26：4,757　問27：1,872
問28：1,692　問29：3,105　問30：2,028
問31：4,186　問32：6,080　問33：4,484
問34：5,561　問35：4,320　問36：2,451
問37：2,432　問38：8,633　問39：1,533
問40：3,074　問41：4,440　問42：2,185
問43：5,832　問44：2,346　問45：7,600
問46：1,400　問47：1,105　問48：3,496
問49：2,492　問50：2,460

P75練習問題

問1：304　問2：608　問3：483　問4：936
問5：759　問6：815　問7：142　問8：561
問9：297　問10：270　問11：304　問12：593
問13：140　問14：681　問15：702　問16：129
問17：275　問18：867　問19：438　問20：956
問21：573　問22：310　問23：794　問24：809
問25：481　問26：268　問27：605　問28：932
問29：257　問30：146

P77練習問題

問1：45,864　問2：45,828　問3：31,705
問4：62,112　問5：26,790　問6：23,403
問7：75,482　問8：12.210　問9：19,839
問10：6,120　問11：21,160　問12：4,738
問13：30,272　問14：15,934　問15：52,455
問16：94,272　問17：44,252　問18：20,160
問19：9,646　問20：41,574　問21：21,580
問22：8,142　問23：18,722　問24：39,100
問25：9,672　問26：41,076　問27：17,762
問28：37,968　問29：27,571　問30：13,350
問31：44,517　問32：11,151　問33：14,688
問34：8,917　問35：42,252　問36：2,400
問37：38,152　問38：92,590　問39：79,980
問40：53,578　問41：17,766　問42：55,161
問43：11,592　問44：12,600　問45：32,850

問46：10,207　問47：57,285　問48：40,837
問49：18,816　問50：49,724

P79練習問題

問1：29,696　問2：61,918　問3：40,560
問4：12,963　問5：30,956　問6：9,231
問7：9,828　問8：47,056　問9：15,486
問10：45,747　問11：11,820　問12：17,732
問13：53,352　問14：8,673　問15：10,879
問16：31,552　問17：44,427　問18：36,531
問19：9,450　問20：35,819　問21：16,559
問22：15,132　問23：10,184　問24：26,432
問25：28,584　問26：35,904　問27：13,202
問28：9,477　問29：45,637　問30：25,935

P81練習問題

問1：10,920　問2：57,105　問3：7,315
問4：15,810　問5：42,320　問6：35,520
問7：65,286　問8：3,990　問9：31,950
問10：67,392　問11：63,753　問12：68,856
問13：16,578　問14：15,580　問15：44,850
問16：38,688　問17：56,048　問18：45,120
問19：4,320　問20：6,760　問21：4,104
問22：40,850　問23：66,732　問24：39,579
問25：61,640　問26：74,292　問27：37,630
問28：52,130　問29：4,560　問30：13,110

P83練習問題

問1：2　問2：3　問3：4　問4：2　問5：3
問6：3　問7：2　問8：3　問9：7　問10：2
問11：2　問12：4　問13：2　問14：2　問15：3
問16：2　問17：2　問18：2　問19：4　問20：2
問21：6　問22：4　問23：8　問24：5　問25：7
問26：9　問27：2　問28：3　問29：8　問30：7
問31：5　問32：2　問33：7　問34：3　問35：8
問36：6　問37：4　問38：9　問39：3　問40：8
問41：6　問42：5　問43：9　問44：4　問45：5
問46：5　問47：6　問48：8　問49：7　問50：5

P86練習問題

問1：5　問2：7　問3：6　問4：4　問5：8
問6：7　問7：8　問8：4　問9：5　問10：8
問11：7　問12：6　問13：8　問14：6　問15：7
問16：8　問17：8　問18：5　問19：6　問20：5
問21：7　問22：5　問23：7　問24：4　問25：8
問26：6　問27：7　問28：5　問29：4　問30：3
問31：7　問32：5　問33：6　問34：4　問35：7
問36：6　問37：5　問38：3　問39：7　問40：4
問41：4　問42：3　問43：6　問44：5　問45：2
問46：7　問47：4　問48：5　問49：3　問50：4

P89練習問題

問1：4　問2：2　問3：2　問4：3　問5：4
問6：2　問7：9　問8：2　問9：4　問10：8
問11：3　問12：5　問13：3　問14：5　問15：3

問16：5　問17：6　問18：7　問19：2　問20：2
問21：2　問22：7　問23：5　問24：7　問25：2
問26：7　問27：7　問28：7　問29：8　問30：7
問31：9　問32：7　問33：8　問34：9　問35：7
問36：9　問37：8　問38：8　問39：3　問40：4
問41：9　問42：9　問43：9　問44：9　問45：9
問46：9　問47：9　問48：8　問49：8　問50：8

P91練習問題
問1：97　問2：53　問3：42　問4：74　問5：92
問6：62　問7：40　問8：20　問9：50　問10：70

P93練習問題
問1：53　問2：47　問3：62　問4：72　問5：36
問6：78　問7：17　問8：65　問9：53　問10：34

P95練習問題
問1：29　問2：34　問3：17　問4：48　問5：63
問6：84　問7：47　問8：23　問9：67　問10：18

P96復習100問チャレンジ！
問1：170　問2：279　問3：387　問4：585
問5：104　問6：48　問7：42　問8：52
問9：752　問10：837　問11：2,408
問12：3,368　問13：2,601　問14：4,760
問15：2,590　問16：538　問17：5,648
問18：1,458　問19：7,902　問20：3,044
問21：816　問22：7,708　問23：666
問24：4,230　問25：1,020　問26：621
問27：3,402　問28：1,296　問29：595
問30：4,698　問31：1,275　問32：3,417
問33：4,602　問34：2,100　問35：3,150
問36：14,064　問37：15,690　問38：30,705
問39：46,315　問40：8,957　問41：18,960
問42：9,164　問43：62,900　問44：88,396
問45：3,912　問46：39,400　問47：35,165
問48：32,967　問49：7,128　問50：5,046

P97
問1：60　問2：34　問3：16　問4：19　問5：72
問6：18　問7：50　問8：21　問9：32　問10：79
問11：153　問12：684　問13：624　問14：694
問15：730　問16：789　問17：879　問18：486
問19：467　問20：580　問21：79　問22：76
問23：46　問24：31　問25：67　問26：16
問27：68　問28：12　問29：97　問30：14
問31：30　問32：19　問33：29　問34：52
問35：25　問36：637　問37：57　問38：689
問39：76　問40：435　問41：90　問42：432
問43：64　問44：308　問45：84　問46：501
問47：62　問48：980　問49：19　問50：687

PART5

P102　暗算問題
問1：89　問2：58　問3：55　問4：94
問5：65　問6：124　問7：109　問8：124
問9：119　問10：173　問11：137　問12：160
問13：116　問14：168　問15：195　問16：187
問17：288　問18：173　問19：247　問20：217
問21：393　問22：345　問23：261　問24：275
問25：328　問26：1,636　問27：411
問28：1,183　問29：1,477　問30：1,026
問31：2,039　問32：1,275　問33：1,629
問34：1,269　問35：981

P103
問1：621　問2：540　問3：60　問4：48
問5：426　問6：665　問7：140　問8：112
問9：111　問10：124　問11：416　問12：90
問13：36　問14：280　問15：124　問16：36
問17：60　問18：53　問19：68　問20：92
問21：31　問22：40　問23：98　問24：74
問25：92　問26：12　問27：80　問28：81
問29：26　問30：86

P105　伝票算問題
伝1～10：4,371　伝2～11：4,241
伝3～12：3,760　伝4～13：4,620
伝5～14：3,953　伝6～15：4,469
伝7～16：3,940　伝8～17：3,128
伝9～18：3,642　伝10～19：4,495
伝11～20：4,279　伝12～21：4,029
伝13～22：4,968　伝14～23：4,533
伝15～24：12,811　伝16～25：12,669
伝17～26：22,442　伝18～27：22,554
伝19～28：23,772　伝20～29：23,194
伝21～30：23,514　伝22～31：23,778
伝23～32：31,155　伝24～33：30,924
伝25～34：28,791　伝26～35：29,009
伝27～36：20,094　伝28～37：20,759
伝29～38：26,309　伝30～39：30,635
伝31～40：30,649

白井そろばん博物館

『白井そろばん博物館』は、2011年に国内初の常設そろばん専門の博物館として開館。館内には江戸時代から現代までの古そろばんが約2,000点展示され、そろばんの歴史と文化を知ることができる。そろばん教育・文化の発信地として、また地域活性化の拠点としてNHKをはじめとする数多くのメディアで紹介され、そろばん普及のために様々な活動を展開している。博物館への注目度は年々高まり、国内外はもとより海外からも多くの来訪者があり、館内は国際色豊かになっている。

白井そろばん博物館ホームページ
https://www.soroban-muse.com/

開館時間/水曜日から日曜日、祝日10：00～16：00
※休館日 原則として月曜日・火曜日（祝日の場合は開館）
入場料/大人300円　学生200円　幼児無料
所在地/千葉県白井市復1459-12

アクセス
北総鉄道白井駅より徒歩25分
京成バス（千葉レインボーバス）白井バス停徒歩1分
国道16号白井交差点より5分木下街道沿い
駐車場　6台まで可能

インターネットそろばん学校
http://www.net-soroban.com

いしど式では、インターネットそろばん学校をインターネット上で開講している。誰でも気軽に自宅のパソコンで、そろばんが学習できるように開発された教材プログラムで、小さなお子さんからビジネスマン、年配の方まで幅広い層に利用されている。

英語・中国語版　オンラインそろばん
https://online-soroban.com

監修
いしど式　石戸珠算学園

1973年に千葉県白井市にそろばん教室を開塾。
そろばんを使った能力開発に力を注ぎ、オリジナル教材を使った授業で、在校生は各種検定や競技会で好成績の結果を残している。2000年には、世界初のインターネットそろばん学校の配信を開始。その後グループ教室の全国展開をはかり、現在では、直営・加盟校を併せると全国で約245校あり、海外でもそろばんの普及活動を行う。2011年にはそろばんの文化と歴史が学べる「白井そろばん博物館」をオープン。創設者であり、現会長の石戸謙一氏は一般財団法人全国珠算連盟理事長を務める。

P60「倍数字」の答え

30	25	26	41	19	41	25	1	4	29	3	4	3	9	3
1	10	29	49	35	4	6	29	16	76	7	42	51	5	51
5	4	28	1	19	7	26	5	29	56	12	4	77	12	3
16	5	77	17	6	21	25	1	76	14	3	51	35	55	16
30	19	56	5	30	19	7	35	21	5	47	20	49	5	41
4	16	49	9	4	11	20	10	11	4	9	4	21	52	3
21	5	35	1	29	9	41	4	9	26	6	16	49	16	56
10	35	77	6	10	77	3	4	3	28	3	41	63	42	76
55	4	56	20	11	11	30	7	12	25	51	51	70	19	25
5	21	70	1	1	25	17	42	25	1	55	17	28	7	29
56	11	12	21	5	12	28	49	35	1	41	56	20	10	77
30	10	17	30	42	25	16	6	41	19	63	55	51	26	76
1	20	1	6	4	56	49	35	42	7	1	17	1	1	20

いしど式で簡単 大人のそろばんドリル
1日10分で計算力・集中力を活性化

2019 年 9 月 30 日　第 1 版・第 1 刷発行
2025 年 1 月 25 日　第 1 版・第 9 刷発行

監修者　石戸珠算学園（いしどしゅざんがくえん）
発行者　株式会社メイツユニバーサルコンテンツ
　　　　代表者　大羽　孝志
　　　　〒102-0093 東京都千代田区平河町一丁目1-8
印　刷　三松堂株式会社

◎『メイツ出版』は当社の商標です。

●本書の一部、あるいは全部を無断でコピーすることは、法律で認められた場合を除き、
　著作権の侵害となりますので禁止します。
●定価はカバーに表示してあります。
©ギグ,2019. ISBN978-4-7804-2237-5 C2041 Printed in Japan.

ご意見・ご感想はホームページから承っております。
ウェブサイト　https://www.mates-publishing.co.jp/

企画担当:折居かおる